답답한 날엔 화학을 터뜨린다

어른의 과학 취향 2

답답한 날에 화학을 터뜨린다

장홍제 지음

추천의 말

어린 시절 불꽃놀이를 처음 가까이서 보던 순간이 기억난다. 하늘을 향해 솟구친 밝은 줄기가 화악 피어나는 순간, 절로 '와, 아름답다'라는 생각도 잠시, 이내 '펑펑퍼버벙…' 하는 공기의 진동이 귀와 가슴까지 파고들어 뒤흔들며 두려움도 스쳐갔다. 하지만 온몸으로 느껴지는 에너지의 흐름에 형언하기 어려운 해방감이 밀려들었고, 그 원리와 원천을 찾아보고 싶다는 욕구도 솟아올랐다.

장홍제 교수를 대할 때마다 언제나 동지애를 느낀다. 아마도 그 역시 그때의 나와 비슷한 감정을 느끼고 같은 곳을 바라봤을 테니까. 그러면서도 언제나 부러움을 느낀다. 특유의 마성이 느껴지는 화학자의 소양으로 내가 보지 못한 부분까지 한발 더 들여다봤다는 사실에.

장홍제와의 만남은 늘 즐겁다. 직접 찾아보기도, 경험하기도 쉽지 않은 위험한 세계의 내면을 너무도 생생하게 전달해 준다. 이번 책을 통한 만남도 기대에 어긋나지 않았다. 폭발물의 포장을 벗기고 살살 잘라내며 원자 하나하나 들여다보고 짜맞추는 듯 넘실대는 화학 이야기만으로도 불꽃놀이를 보던 그날처럼 다시금 심장이 쿵쾅거렸다. 과학의 지식으로 삶의 활력을 얻을 수 있다고 믿는 동지들이라면 우리 기꺼이 이 책을 집어들자. 물리학 전공자도 답답할 때는 화학을 터뜨린다.

— 채승병(KAIST 물리학 박사, KFN TV 〈역전다방〉 출연)

차례

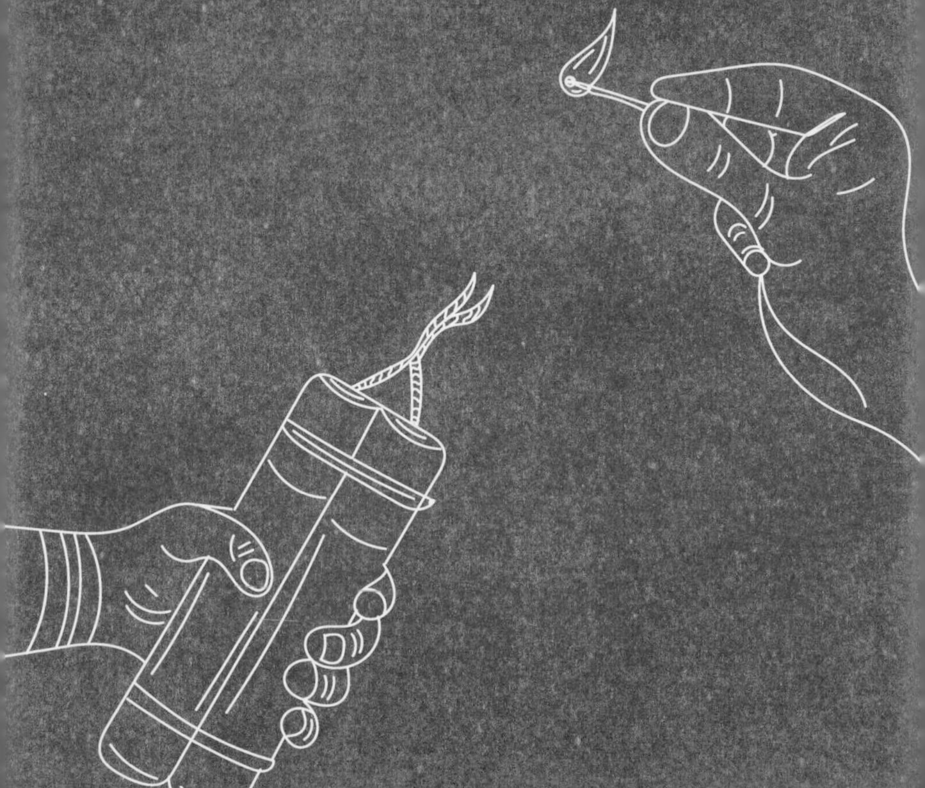

10초 전

10초 전

점화하며

화학자라는 필자의 직업 특성상 과학 분야에 몸담지 않은 대중이나 짓궂은 친구들에게서 자주 받았던 전형적인 질문이 몇 가지 있다. 연금술이 현대 화학에 끼친 영향과 아름답고 심오한 사상적 배경이나 발전 과정에는 관심을 두지 않은 채 "너는 정말 납으로 금은 못 만들어?"라는 물질만능주의적인 질문이라거나, 신약 개발과 약물 전달 체계의 발전으로 우리가 극복해온 수많은 질병과 증상을 뒤로하고 "드라마처럼 마약 합성해서 팔면 쉽게 부자 되는 거 아니야?"와 같은 질문이다. 물론 매우 흥미로운 질문이며, 필자가 생각하는 개인적인 답변이나 예상치 못한 관점에서 풀어내는 답변이 궁금해서 던지는 질문일 수도 있으리라고 충분히 공감한다.

이와 더불어 아주 가끔 뉴스 기사로 보도되곤 하는 폭발물에 관한 질문도 마주한다. 이 아름답고 화려한 대상에 홀리는 마음과는 연관이 없는, "너도 사제 폭발물 만들 수 있어?"라는 질문이다. 아마 여러분은 이 질문에 대한 답을 알 것이다. 당연히 만들 수 있다. 너무나도 당연히.

가끔은 폭발이나 독 등 사회적으로 금기시되는 대상을 향해 필자가 드러내는 애착을 직감하고 필자를 '폭발물의 화학자'라거나 '독의 화학자', '어둠의 화학자' 같은 기이한 별명으로 부르는 '불순 세력'이 늘어간다. 이 모든 것은 오해이며, 간혹 아니기도 하다. 폭발에 관심을 두게 된 계기는 당연히 폭발이 만들어내는 상상할 수 없을 정도의 큰 변화와 요란한 소리, 거대한 화염, 파편, 화약이 타고 난 냄새, 검은 연기 등이 일조하기도 했지만, 가장 본질적인 이유는 편리한 현대에 순응한 과학자로서 자신의 가치에 대한 자신이 없었기 때문이다.

인터넷과 전화로 시약을 주문해 언제든 받을 수 있고, 필요한 정보는 모두 손가락만 움직여 논문에서 찾아낼 수 있는, 게다가 이제는 이 모든 작업마저 AI의 도움을 받거나 자동화된 실험 설비로 인적 노동력의 투입마저 배제되어 가는 상황에서 우리는 자랑스럽게 첨단 연구 결과를 생산하고 있다. 이 현황의 어느 과정에도 잘못된 부분은 전혀 없다. 다만 전쟁, 자연재해, 하다못해 만에 하나의 경우로 대규모 좀비 발생이나 외계인 침공, 영화 〈매드 맥스Mad Max〉가 연상되는 대재앙 이후의 세계가 된 상황에서도 이런 첨단 과학자의 쓰임새가 있을지가 필자의 오랜 고민거리였다.

농부나 목수, 어부, 건축가, 축산업자처럼 기반을 이뤄 현재는 중요성에 비해 과소평가되곤 하지만 일차적인 생산자로 생활과 직결된 인물들의 가치는 세상의 체계가 무너질수록 더욱 높아진다. 반대로 증권투자가, 법조인, 과학자처럼 체계와 지식 위에 쌓아 올려진 사람들은 능력을 발휘할 여건이 모두 사라질 것이다. 이들은 책을 읽고 글을 쓸 줄은 알아도 당장 토끼 한 마리도 자기 힘으로 잡지 못하는 경우가 부지기수일 것이다. 필자는 화학자의 본래 가치는 자연 속 물질을 다루고, 동식물의 변화를 이해하며, 반응을 통해 화학만이 창출할 수 있는 거대한 가치를 다루는 것에서 나오게 되리라고 잠정적인 결론을 내렸다. 그리고 폭발물에 관심을 두게 되었다.

커피 속에 녹아 있어 매일 들이켜는 카페인$C_8H_{10}N_4O_2$과 그리 다르지 않은 크기의, 아니 오히려 그보다 더 자그마한 분자인 TNT$C_7H_5N_3O_6$. 카페인과 TNT를 구성하는 원소는 똑같이 탄소C, 산소O, 질소N, 수소H 네 가지가 전부다. 하지만 이들이 만드는 결과는 전혀 다르다. 뇌가 피로를 느끼지 못하게 속여 더욱 열정적으로 일할 수 있도록 만드는 정신적인 폭발물 카페인과 단단히 막힌 암반과 장벽을 깔끔하게 무너뜨리는 물리적인 폭발물 TNT로 비교된다. 같은 재료로 완전히 다른 것을 만들 수 있으며, 지식이 그만큼의 선택지가 되는 것이야말로 화학의 가장 큰 매력이다. 커피 속 카페인과 위스키 속 에탄올을 즐길 수 있는 사람이라면, 폭발물의 화학 이야기 또한 즐겁게 함께할 수 있다. 피곤한 날에 커피를, 들뜨는 밤에 술을 찾았다면 이번에는 답답한 날에 폭발 이야기에 빠져 즐겁게 시간을 보낼 수 있길 바란다.

9 초전

폭발과 화염의 매력

나는 인간에게 불을 가져다주었으니,
그들은 이제 어둠 속에서 빛을 얻고
추위 속에서 온기를 얻고
야만에서 벗어나 문명을 이룰 것이다.

—프로메테우스 신화

주사위는 던져졌다. 두근거리는 마음과 떨리는 손으로 도화선에 불을 붙였으니 '치익-' 하는 소리와 함께 불티를 내뱉으며 타들어가는 시간을 기다리면 된다. 가만히 생각해보면 폭발은 불과 관련된다. 점화를 위한 불로 시작해 마침내 거대하게 퍼져나가는 화염까지 이어진다. 과학은 언제나 양날의 칼을 이야기한다. 유용하기는 하지만 환경이나 인체에 해를 끼칠 가능성도 도사리는 경우가 많은데, 플라스틱이나 화석 연료, 항생제 등을 떠올리면 쉽게 이해할 수 있다. 불 역시 문명의 발달을 비롯해 우리를 고도로 발전된 기술 세계로 이끌었지만, 그만큼 많은 사고를 일으키기도 한다. 불이 관여된 가장 아름답고 화려하며 강렬한 것은 역시 폭발이 아닐 수 없다. 타들어가는 심지를 바라보며 모든 것의 시작인 불을 이야기해보자.

화학, 불에서 시작된 학문

아득한 옛날, 어둠과 추위에 갇혀 살던 인류가 마주한 최초의 불은 어떤 의미였을까? 밤의 장막을 찢고 두려운 어둠 속 존재들을 물리치는 빛, 살을 에는 추위로부터 몸을 감싸는 온기, 식재료의 조리가 가능해지는 필수 조건으로 생존에서 삶으로 전환되는 계기였으리라. 반대로 거부할 수 없는 이끌림에 가져다 댄 손에서는 인간이 느낄 수 있는 가장 고통스러운 감각이라는 작열통causalgia이 퍼져나간다.[1] 걷잡을 수 없는 기세로 모든 것을 불태우는 공포 앞에서 동물은 너나없이 달려 도망치고, 식물은 속절없이 타오른다. 이처럼 불은 인류에게 경외와 두려움, 거부할 수 없는 유혹을 동시에 선사한다. 이윽고 통제할 수 없는 자연의 힘을 자신의 것으로 만들고자 하는 원초적 욕망을 이뤄낸 인간에게 불은 태초의 유혹이자 운명의 시작이며 모든 문명의 씨앗이 되었다.

신화는 언제나 빛의 창조나 탄생, 출현에서 시작되곤 한다. 기독교의 《성서》 속 〈창세기〉에서는 '빛이 있으라'라는 하나님의 말에 세계가 창조되어 질서와 생명이 시작되고, 이슬람교의 경전 《쿠란》에는 알라가 우주의 창조자이자 하늘과 땅의 '빛'으로 묘사된다. 고대 이집트 신화 속 태양신 라Ra는 태초의 혼돈 속에서 빛과 함께 스스로 존재를 드러내고, 조로아스터교 또한 빛과 선의 상징인 아후라 마즈다Ahura Mazda의 출현에서 창조가 시작된다. 이처럼 인류에게 빛은 곧 시작이며 생명이고, 신성함의 상징이었다.

그런데 우리가 경험하는 빛은 보편적으로 홀로 존재하지 않는다. 번개가 칠 때의 섬광과 머리 위에서 타오르는 태양, 화산에서 쏟아지는 빛나는 용암과 캠핑장을 밝히는 모닥불까지, 빛은 언제나 열과 함께 퍼져나간다. 빛과 열이 독립적으로 생겨나는 경우는 아주 드물고, 자연 현상 또한 이 두 요소를 함께 일으키는 경우가 대부분이다.

인류는 불을 통해 빛과 열을 하나의 근원으로 인식해왔다. 신화의 시대를 넘어 세상을 물질로 바라보기 시작했던 과학의 발원지 고대 그리스에서는 만물을 이루는 근원으로 물, 공기, 흙과 더불어 불을 꼽았다. 흔히 4원소Classical elements라 불리는 이 네 가지 요소 중 불은 따뜻함과 건조함을 지닌 격렬한 원소로 여겨졌는데, 이러한 사고방식은 연금술의 시대를 거쳐 화학이 탄생하는 근대까지 이어진다. 18세기에 화학물질의 이름과 구분 등 수많은 체계를 정립하고 쌓아 올려 화학의 아버지라 불리는 앙투안 라부아지에Antoine-Laurent de Lavoisier의 가장 중요한 저작물인 《화학 원론Traité élémentaire de chimie》 속 원소 표에서조차 빛lumière과 열calorique은 독립적인 원소로 등재되었을 정도다.[2] 당시 과학자들은 빛과 열이 물질의 특성과 변화에 필수적인 역할을 한다고 생각했기 때문일 것이다. 이처럼 수천 년 동안 인류는 빛과 열, 그리고 그 근원인 불을 세상의 핵심을 이루는 가장 중요한 원소이자 에너지로 여겨왔다.

화학이라는 학문 역시 불에서 시작되었다. 물론 양자역학을 통해 분자 간의 결합을 이해하는 현대 화학이나 반응의 비율과 제어를 깨닫기 시작한 근대 화학, 그보다 이전의 무모한 시도와 우연한 발견으로 빛나는 연금술 모두 화학의 중요한 기점으로 여겨진다. 하지만 화학 자체가 탄생한 순간만 선택한다면 약 43만 년 전에 나타나 직립보행과 더불어 불을 사용하고 통제할 수 있게 된 네안데르탈인에게 그 영광이 주어진다. 동굴 안에서 불을 지피고 뼈나 나무를 태우며 먹거리를 익히는 과정은 가장 기본적인 형태의 화학 반응이었다.

이 단순하지만 아름다운 화학 반응을 연소燃燒, combustion라 부른다. 물질이 산소와 결합하며 빛과 열을 방출하는 과정이자 화학 변화의 가장 원초적인 형태다. 물론 더는 산소와 결합할 능력이 없는 산화물이나 재는 연소할 수 없으나, 연소로부터 남겨진 것들로 구분할 수도 있으니 물질의 변화와 직접 관련된 셈이다. 연소가 가능한 물질을 흔히 '탈 물질'로 구분하는데, 뒤에 살펴볼 연료나 화약 등 모든 것이 이 범주에 속한다.

연소에서 발생하는 빛도 물론 어둠을 밝히고 인간의 활동시간을 늘려주는 중요한 의미를 가지지만, 물질을 다루고 변화시키는 화학적 측면에서는 빛보다는 열이 더 직관적이고 활용하기 좋은 에너지 자체였다. 약 2만 년 전부터 뜨거운 불에 의해 진흙은 단단한 그릇으로 재탄생했으며, 흙보다 다루기 어려운 금속조차 구리와 주석, 청동, 납, 금, 철 등 새로운 형태로 담금질할 수 있게 되었다. 결국 물질이 불이라는 매개체를 통해 다른 형태로 바뀔 수 있다는 사실을 직관적으로 깨닫는다. 이는 현대 화학의 핵심인 화학 반응과 물질 변화의 근본적인 원리에 대한 최초의 발견이자 이해였다.

이후로 불은 주위 모든 물질에 담긴 잠재력을 끄집어내는 도구가 된다. 불이 없었다면 우리는 자연 상태의 물질에만 의존해야 했을 것이며, 문명의 발전은 거대한 제약으로 틀어막혀 불가능했을 것이다. 불은 단순히 도구를 만드는 데 그치는 것이 아닌, 다소 극단적인 표현일지 모르나 인간이 자연을 지배하고 제어하는 유일한 통로였다. 화학이라는 학문이 궁극적으로 추구하는 목표, 즉 물질을 이해하고 바꾸어 새로운 가치를 만들어내는 과정의 시초가 불에 있다.

불에서 시작된 인간

흔히 우리는 모두 별에서 왔다고 말한다. 빅뱅 이후 순차적으로 만들어진 다양한 원소와 물질은 우주 먼지가 되어 떠돌기 시작했으며, 그것들이 모여 별과 행성, 지구라는 특별한 장소에서 생명체로 빚어진다. 장대한 생명체의 진화 과정 끝에 인간이 등장하는데, 여느 생물과 다른 우리의 나름 고도화된 문명은 모두 불에서 기인한다.

구리Cu와 주석Sn, 이들의 결합인 청동bronze은 물론이고 납Pb과 은Ag, 금Au이라는 유용한 금속들의 변주를 거쳐 현대 사회에도 통용될 철Fe에 이르기까지, 시대를 지배하는 금속 기술의 관문은 언제나 불과 화학 기술의 발전과 함께 열렸다. 단순한 모닥불로는 철을 녹일 수 없었으며, 용광로와 풀무의 발명이 더 뜨겁고 강렬한 화염을 일궈 철기 시대에 들어서도록 했다.

이렇듯 불은 금속 원소들을 정련하고 제련하는 역할을 했지만, 이보다 더욱 극적인 역할은 인류의 지능 발달을 좌우했다는 이론에서 찾아볼 수 있다. 리처드 랭엄Richard Wrangham이 제안한 '요리 가설Cooking hypothesis'은 인류가 불을 사용해 음식을 조리하기 시작한 것이 생존 전략과 신체 변화, 뇌 크기와 지능 발달에 특이점이 되었다는 관점을 다룬다.[3]

날음식은 세포를 보호하는 장벽이 건재해 소화에 더 많은 에너지가 필요하다. 특히 지질로 이루어진 세포막cell membrane을 갖는 동물 세포보다 단단한 세포벽cell wall으로 이루어진 식물 세포를 분해하려면 더 큰 노력을 들여야 한다. 이러한 날음식을 불로 가열하면 세포 장벽의 파괴와 함께 단백질과 탄수화물 등의 영양소가 변성되어 소화하기 쉬운 상태가 된다. 그 증거는 익히지 않은 육류와 뿌리채소의 낮은 소화율이 가열 조리를 통해 개선되는 사례에서도 찾아볼 수 있다.[4]

이로써 소화에 쓰이던 에너지 중 일부가 생존을 위해 가장 중요한 장기인 뇌로 공급된다. 영장류의 뇌가 오랫동안 일정 크기 이상으로 커질 수 없던 것은 에너지 공급에 한계가 있었기 때문으로 보인다. 그리고 소화가 간단해지면서 턱과 치아, 내장 기관의 크기는 점차 줄어들어 현생 인류의 모습을 향해 서서히 바뀌었다. 물론 이는 강력한 가설 중 하나일 뿐이다. 불 사용에 대한 고고학적 증거가 부족하기도 하고, 뇌가 먼저 발달하고 그다음 가열 조리가 가능해졌다는 인과의 가능성도 고려해야 하기 때문이다. 그럼에도 불의 사용은 문명과 인간의 진화에 가장 큰 측면이었다는 주장은 매우 타당하다.

시간이 지남에 따라 불을 붙일 수 있는 연료에도 변화가 생겼다. 숯의 발명은 간단한 목재의 사용보다 효과적인 연소를 가능케 했다. 심지어 숯은 뒤에 살펴볼 흑색화약black powder의 재료 중 하나이기도 하다. 문제는 현생 인류가 처한 지구 온난화가 화석 연료 및 다양한 물질의 연소에서 발생하는 이산화 탄소로 인해 가속되고 있다는 부분이다. 공교롭게도 불이 이로움과 위험성의 양면을 갖듯 화석 연료의 사용 역시 시작은 생태계를 구원하기 위해서였다.

산업혁명 시대에 등불의 연료로 각광받던 것은 고래기름이었다. 깊은 바닷속에서 살아가는 고래는 체온을 유지하기 위해 두꺼운 지방층을 형성한다. 구성 성분으로 인해 선명하고 안정적인 빛을 만들어냈고, 다른 동식물의 기름보다 냄새와 연기가 적었다.[5] 특히 향유고래의 향유는 최고급 기름으로 여겨졌다. 이렇게 유용한 고래기름을 확보하기 위해 대규모 포경 산업이 발달했고, 그 결과 무분별한 포획으로 고래 개체 수가 급감해 멸종 위기에 처하고 만다. 이후 새로운 연료를 찾으려는 노력이 시작되어 등유kerosene가 등장했으며, 1859년 에드윈 드레이크Edwin Drake가 처음으로 유정 굴착에 성공하면서 대량 생산이 가능해졌다. 이로써 저렴하고 편리하며 생태계를 보전할 수 있는 연료 시대가 개막된다. 등유 발견이 조금만 더 늦어졌어도 고래가 멸종했으리라고 여겨지기도 할 정도다.

나무와 화석 연료로 대표되는 연료는 빛과 열을 얻는 데 활용된다. 그리고 연료의 연소에서 발생하는 열은 물을 끓여 증기 터빈을 돌리는 방식으로 현대 사회의 필수 에너지인 전기를 만들어내기도 한다. 난방, 자동차, 발전 등 연료는 어느 하나 사소하지 않은 분야들을 살아 움직이게 하는 첨단 기술의 혈액과도 같다. 하지만 동시에 사용 방식에 따라 가장 원초적이고 파괴적인 무기가 되기도 한다.

불은 그 자체로 무기가 된다

불은 가장 완벽하게 모든 것을 파괴한다. 특히 목재로 이루어진 배나 건물을 초토화하는 데 효율적이다. 나무가 갈색을 띠게 하는 리그닌lignin이나 섬유질의 핵심인 셀룰로스cellulose 모두 탄소와 산소, 수소만으로 이루어진 유기물이어서 연료로 작용해 연소 반응을 일으키기 때문이다. 분자의 측면에서 식물과 마찬가지 원소들로 이루어진 인간을 포함한 동물에게도 불은 복구되지 않는 완전한 손상을 일으킨다. 물론 지구 생명체는 비열이 높은 물을 다량 함유하기에 잠시 불꽃에 닿는 것만으로는 치명적인 결말로 이어지진 않는다. 하지만 끈적하게 달라붙어 계속해서 타오르는 연료가 포함되면 이야기는 달라진다.

불을 무기로 사용해온 역사는 아마도 인간이 불을 처음 발견한 고대부터 시작되었을 것이다. 다가오는 포식자를 쫓아내기 위해 횃불을 휘둘렀다가 탁월한 성능을 깨닫게 되었으리라. 물에 사는 포식자에게 불은 참을 수 없이 뜨겁고 낯선 대상이고, 육지를 뛰어다니는 포식자에게는 몸의 털을 그을리며 옮겨붙는 탐욕스러운 일렁임이다. 자연스럽게 인간은 다른 인간을 불로 공격하기 시작한다. 상대가 비축해둔 식량을 태워 없애거나 소중한 거주지를 지워내는 데 불보다 효율적인 것은 없었다.

불태워 공격하는 방식은 소이燒夷무기로 구분한다. 소설에서도 흔히 등장하는 횃불과 불화살을 넘어 현대의 화염 방사기처럼 불 자체를 뿜어내 공격하는 형태는 기원전 424년경부터 운용되었을 것으로 추정한다. 당시는 펠로폰네소스 전쟁이 진행되던 시대였으며, 보이오티아는 델리움 전투에서 스파르타의 동맹이었던 아테네군을 대상으로 아마도 최초의 형태였을 이동식 화염방사 전차를 선보인다.[6] 물론 우리가 상상하는 소이전차라는 표현이 적합한 무기는 제2차 세계대진 중 소련에서 개발한 OT-34 같은 전차이며, 당시 영국도 이에 대항하려고 처칠 Mk.VII을 기반으로 기관총 대신 사거리 200m의 화염방사기를 장착한 전차인 크로커다일Crocodile을 운용했다. 효율적인 연료이자 인화물인 가솔린과 석유, 중유 혼합물이 사용된 현대 전차와 유사하게 보이오티아의 소이전차 역시 석유와 가솔린에 더해, 탄소 화합물이자 세상에서 가장 점도가 높은 검은 물질인 피치pitch를 활용했다. 전차 앞쪽에 불타는 솥단지cauldron를 매달고 체중을 이용해 바람을 일으키는 커다란 풀무의 관을 연결해서 압축 공기로 불꽃을 뿜어내는 방식이었다.

가장 흥미로운 소이무기는 '그리스의 불Greek fire'이다. 이름과는 달리 동로마 제국이 이슬람 함대의 습격에 대항할 때 사용되었는데, 당시 이 무기를 가리키던 여러 가지 별명에서 특징을 짐작할 수 있다. '로마의 불'이라는 별명에서는 로마 제국이 활용했던 도구임이 드러나며, '만들어진 불'에서는 자연적이지 않은 형태임을 알 수 있다. '전쟁의 불'과 '바다의 불'이라는 별명은 주 용도가 해전에 집중되었음을 알려준다. 가장 흥미로운 별명은 '끈적이는 불'과 '젖은 불'이다. 무언가 끈적이는 연료가 사용되었기 때문이겠지만, '젖은' 혹은 '액체'라는 의미와 건조하고 뜨거운 불이 결합한 단어는 다소 역설적이다. 어떻게 물과 불이 결합할 수 있을까?

'그리스의 불'은 콘스탄티노플의 화학자들, 당시로서는 연금술사들에 의해 탄생했을 것으로 여겨지며, 헬리오폴리스 출신의 건축가이기도 했던 칼리니쿠스Callinicus에게서 유래했다고 추정된다. 유황이나 석유, 아스팔트 등은 이미 오래전부터 연료이자 무기로 사용되었지만, 그리스의 불은 유독 특별하다. 액체 형태로 분사되며 타올랐으며, 무엇보다 물에 닿아도 꺼지지 않고 오히려 물 위에서 계속해서 타는 모습으로 묘사된다. 물과 반응해 열을 발생시키는 화학물질이 사용되었을 것이 자연스레 예상되어 소석회消石灰, $Ca(OH)_2$ 등의 물질이 유력한 후보로 분석되었지만, 석회와 물의 반응은 분명 발열을 일으키지만 불타오를 정도로 강력하지는 않다는 문제가 있었다. 과거 형벌에 사용되던 사약賜藥의 조성이 오히려 철저한 보안으로 인해 유실되어 전해지지 않는 것처럼, 그리스의 불도 시포나리오이siphōnarioi라는 특수 병종에 의해서만 활용되어 어떤 화학물질이 사용되었는지는 여전히 베일에 싸여 있다.

가장 유력한 비밀 재료는 인화 칼슘Ca_3P_2이다. 칼슘Ca과 인P 모두 인체를 구성하는 핵심 원소로 생명과 관련된다. 칼슘은 뼈를 구성하는 원소이자 인체에서 가장 풍부한 금속 원소이며, 인은 유전 물질인 DNA와 RNA의 뼈대, 세포의 겉껍질인 인지질을 구성하는 등 필수적인 원소다. 식물 생장의 필수 원소로 비료의 3대 요소로 꼽히기도 하며, 생명체의 형성과 활동에 관여한다. 지구 생태계의 기반인 해양 식물플랑크톤은 레드필드 비율Redfield ratio이라는 특정한 비율로 물질을 흡수해 생체를 형성하는데, 106개의 탄소와 16개의 질소와 함께 반드시 1개의 인이 포함된다.[7] 우주 생명체를 탐색하는 데 인이 큰 단서가 되는 이유다.

화학의 무한한 가능성과 재미가 보이는 순간이다. 식품을 통해 섭취되는 안전한 원소들이지만, 이들이 결합한 인화 칼슘은 심각한 위험성을 갖는다. 먹으면 인체에 급성 독성을 보이며, 수생 환경에 유출되어도 유해성을 나타낸다. 부식을 유발하고 인화성 물질이기도 하다. 특히 물에 닿으면 유독하고 인화성 있는 포스핀phosphine, PH_3 기체와 열을 강렬하게 방출하며 타오른다. 물을 뿌려도 꺼지지 않고 독가스와 함께 더욱 거세게 타오르니 그리스의 불이 이슬람의 대함대를 두 차례나 막아내는 전략 무기로 활약한 셈이다.

불을 무기로 사용하는 기술은 주변에서 쉽게 구할 수 있는 물품과 효율적 장비를 바탕으로 계속해서 발전한다. 아마 가장 유명한 소이무기는 국내에서 '화염병'이라 불리는 '몰로토프 칵테일Molotov cocktail'일 듯싶다. 때는 1939년, 소련이 핀란드를 침공하며 겨울전쟁의 막이 오른다. 당시 핀란드는 소련보다 군사력이 훨씬 약했으며, 대전차 무기가 부족해 난감한 상황이었다. 소련의 외무인민위원 뱌체슬라프 몰로토프Vyacheslav Molotov는 핀란드를 폭격하며 대외적으로는 빵을 공수하는 것이라고 거짓 선전을 한다. 이에 분노한 핀란드 국민이 몰로토프에게 보답으로 보내는 칵테일이라며 화염병을 만들어 전차에 던지기 시작하며 몰로토프 칵테일이 세상에 등장한다.

강철로 둘러싸인 전차에 화염병을 던져봤자 얼마나 효과가 있었을까 의심스럽겠지만, 당시 소련 전차의 가솔린 엔진은 화염에 취약했기에 의외로 뛰어난 효과를 보였다. 몰로토프 칵테일은 누구나 만들 수 있을 정도로 간단해 '가난한 자의 수류탄'이라는 별명이 따라붙으며 현재도 무력시위나 게릴라전에서 활용된다. 구성은 매우 간단하다. 투척 후 부딪혀 쉽게 깨질 수 있는 유리병, 편리한 연료인 휘발유나 등유, 경유, 알코올 등 인화성 액체, 헝겊이나 옷 조각을 말아 만든 심지, 마지막으로 성냥이나 라이터처럼 심지에 불을 붙일 점화 도구면 끝이다. 같은 규격에서 더 뛰어난 성능을 만들어내도록 스타이로폼이나 설탕, 비누 조각을 휘발유에 최대한 녹여 증점제로 투입할 수 있다. 용해된 물질 농도가 늘어나며 점성이 높아져 목표물에 끈적하게 달라붙고 더 오래 연소한다. 또 다른 방식으로는 혹시 모를 불발을 막기 위해 황산H_2SO_4과 염소산 칼륨$KClO_3$을 넣어서 화학 반응으로 불꽃을 발생시키거나 시한 기폭times detonation 기능을 추가한 경우도 흔하다.

여기서 하나 더 흥미로운 질문이 떠오른다. 휘발유 등 원유를 정제해 얻어진 연료들은 사용 분야가 넓어 오히려 귀하다 할 수 있는 물질인데, 왜 소이무기를 만들어 무언가를 불태우는 데 소모되었을까? 인간은 정말 적을 불태우는 잔혹한 행위에 본능적으로 매료되는 걸까?

흥미롭게도 소이무기가 급격히 보급된 이유 중 하나는 석유만이 사용하기에 여유 있었기 때문이다. 영국의 경우 제2차 세계대전 때 매립식 대전차 소이무기인 화염 지뢰Flame fougasse를 개발했다. 당시는 1940년 다이너모 작전Operation Dynamo, 익숙한 명칭으로는 됭케르크 철수Dunkirk evacuation 이후 대부분의 무기와 자원이 고갈되었으나 석유는 풍족한 상태였다. 만약 전황이 불리해져 그 풍부한 석유를 빼앗기면 적의 기동력만 높여줄 테니 태워 없앨 겸 무기화하는 방안이 추진되었고, 파괴적인 불의 습성 외에도 공포스러운 확산으로 적의 사기를 꺾는 화염의 쓰임새가 커진다.

불을 무기로 사용하는 방식의 진화는 계속되어 원유 정제에서 얻어지는 탄화수소 혼합물인 나프타naphtha를 연료로 두 종류의 증점제를 넣어 만들어지는 가장 유명한 인화물인 네이팜Napalm이 등장한다. 나프타의 정제 과정에서 얻어지는 액체 상태의 산성 물질인 나프텐산naphthenic acid과 야자유(팜유)에서 추출되는 끈적한 기름인 팔미트산palmitic acid이 증점제로 혼합되기 때문에 붙은 이름이다. 이제는 네이팜도 하나의 연료이자 재료로 사용되고 있으며, 미 육군 항공대의 M69 소이탄이나 마크 77Mark 77 폭탄 등의 형태로 사용되고 있다.[8] 물론 네이팜탄은 위험성과 비인도적 특성 때문에 국제적으로 사용이 제한된 소이무기에 해당하니 제조해 터뜨리진 말자.

모든 것은 불에서 시작해 불로 끝난다. 불이 없었다면 인류의 탄생과 문명의 발전은 불가능했다. 생명은 불의 열기 속에서 지속되고, 죽음 후 남겨진 유체 또한 불 속으로 돌아가 다시 한번 세상을 순환한다. 이렇듯 존재의 처음과 마지막을 아우르는 근원적인 힘에 압도된 인간은 불에 매료될 수밖에 없었을 것이다. 이제 이 걷잡을 수 없는 자연의 힘을 더 강하고 제어할 수 있는 형태로 빚어낸 물질인 화약gunpowder을 다뤄볼 시간이다.

면책 조항

물론 대한민국의 총포화약법은 화약류의 제조·판매·임대·운반·소지·사용을 엄격히 금지한다. 그러니 언젠가 다가올 멸망 이후의 세상을 대비해 이 제조법을 기억해두기만 하고, 함부로 만들려고 들지 말 것을 당부한다.

약칭 총포화약법, 정확히는 '총포·도검·화약류 등의 안전관리에 관한 법률'은 민간의 무기류를 규제하는 법률이다. 흥미롭게도 석궁은 규제 대상이지만 활은 포함되지 않아서 누구나 구매와 사용이 가능하다. 이와 달리 화약류는 엄격하게 제한되므로 허가받지 않은 개인이 흑색화약을 제조해 불꽃놀이를 하는 행위만으로도 심각한 파멸에 이를 수 있다. 총포화약법 제4조 제3항에 따라 제조업자가 아니면 화약류를 제조하면 안 되며, 흑색화약은 화약류로 구분된다. 만약 이를 무시하고 개인이 화약류를 제조하면 총포화약법 제70조의2 제1항 제2호에 따라 10년 이하의 징역 또는 5천만 원 이하의 벌금에 처할 수 있으며, 제조하려고 시도만 했다 할지라도 처벌받는다. 불꽃놀이용 화약 또한 화공품에 해당해 화약류로 구분되므로 제조하면 똑같은 처벌을 받는다. 만약 우여곡절 끝에 불꽃놀이용 화약을 하늘로 쏘아 올린다면 문제가 더 커진다. 허가받지 않은 화약류 사용으로 총포화약법 제70조 제1항에 따라 3년 이상 15년 이하의 징역 또는 3천만 원 이상 1억 원 이하의 벌금에 처할 수 있다.

그러니 우리의 이야기에 등장하는 화약류의 제조 방식은 공개된 정보와 화학자로서의 해석에 기반하며, 실제 제조는 국가 체계가 완전히 무너진 멸망 이후의 세계에서만 진행하기를 바란다. 다시 말하지만, 이 책에서 다루는 화약 제조법은 전문 화학자를 양성하려는 지식 전달이 목적일 뿐이니, 그 외에 다른 의도로는 절대 화약 제조를 시도하면 안 된다.

1단계 그리스의 불

그리스의 불은 정확한 성분이 알려지지 않아 완벽히 재현하기는 쉽지 않다. 하지만 멸망 이후 세계에서 높은 순도와 완전한 재료들을 구한다는 것은 상상에 가까우니 간략하게만 이야기하겠다. 자연과 환경에서 모든 재료를 구해야 했던 과거 상황을 고려할 때 적절한 재료는 인간 혹은 동물이다. 칼슘은 뼈에 풍부하고 인은 인체에서 배출되는 부산물인 소변에 인산 형태로 녹아 있다. 곱게 갈아놓은 뼈와 소변을 섞어 가열하면 인산 칼슘$Ca_3(PO_4)_2$이 만들어진다. 이제 칼슘과 인이 결합했지만, 우리에게 불필요한 산소가 여전히 남아 있다. 연소 반응은 산소와의 결합에서 빛과 열을 방출하는 것이니 산소를 제거해야 완성된다.

$$Ca + H_3PO_4 \longrightarrow Ca_3(PO_4)_2 + H_2$$

우리가 사용하는 금속 철을 얻으려면 채굴한 철광석을 한 차례 정련해야 한다. 금속은 산소와 만나 녹스는 경향이 강하기 때문에 땅속에서는 대부분 광석 형태로 존재하며, 코크스koks라는 탄소 물질을 넣어 산소를 떼어낸다. 마침내 물로 끌 수 없는 매력적인 무기가 된 인화 칼슘은 침전물의 형태로 분리되어 우리는 뼈와 소변, 숯만으로 고대 소이무기를 일부 재현할 수 있는 셈이다.

$$Ca_3(PO_4)_2 + 4C \rightarrow Ca_3P_2 + 4CO_2$$

인화 칼슘은 당연히 물과의 접촉을 피해야 하며, 완전히 밀폐된 상태로 질소 기체나 아르곤Ar 환경에서 보관하는 것이 좋다. 물론 인화 칼슘이 집에 있다는 것 자체가 이미 문제이긴 하다.

2단계 몰로토프 칵테일

몰로포트 칵테일을 만들려면 먼저 집어 던지기 좋은 유리병이 필요하다. 맥주병이나 소주병, 콜라병 등은 좋은 대상이지만 주스나 와인용 병은 두꺼운 유리여서 깨지는 대신 튕겨 나올 수 있으니 주의하는 편이 좋다. 단순히 유리병에 휘발유나 시너 같은 인화물을 넣고 헝겊을 말아 담그면 완성될 듯싶으나, 그것만으로는 제대로 작동하기 어렵다. 증점제가 추가되어야만 효율적인 몰로토프 칵테일이 된다.

애용되는 연료로는 물론 휘발유가 대표적이며, 높은 도수의 술이나 공업용 알코올 전반이 유용하다. 미술 분야에서 사용되는 소나무 유래 화합물인 테레빈유, 매니큐어 리무버 등 여러 용도로 사용되는 아세톤, 아이소프로판올isopropanol 등 알코올이 사용되는 손 세정제도 가능하다. 국내에서는 쉽게 보이지 않지만 에탄올 85%와 휘발유 15%로 이루어진 E85라는 혼합 연료도 좋다. 칵테일바에서 높은 도수의 술을 이용해 칵테일 표면에 불을 붙이거나 요리에서 화려하게 타오르는 플람베flambé를 떠올려보자. 쉽게 불이 붙는 인화물이라고 해서 반드시 화재 사고로 이어지지는 않는다. 온기 혹은 열기를 방출하지만, 무기가 될 수 있을 정도는 아니다.

이 약점을 해결하는 것이 증점제의 역할이다. 100℃의 물은 심각한 화상을 일으키지만 100℃의 수증기는 사우나에서도 사용되듯 위험성이 낮다. 물질마다 온도의 변화를 결정하는 비열이 다양하며, 물질의 상phase에 따라 에너지의 집중 여부에 차이가 있다. 같은 양의 열이 방출되어도 넓은 영역에서 한순간 빠르게 타오르는 것과 좁은 한 점에서 지속해서 작용하는 경우의 효율성은 확연히 차이가 난다.

비상시 일상에서 가장 쉽게 활용할 수 있는 증점제는 스타이로폼이다. 스타이로폼은 물에 넣으면 가볍게 떠오르지만, 아세톤과 닿는 순간 눈이 물에 녹듯 사르르 용해된다. 스타이로폼을 많이 녹일수록 아세톤 용액의 점성은 점차 증가하며, 어린이들의 장난감인 슬라임처럼 변할 수도 있다. 되도록 아세톤과 휘발유의 1:1 혼합 용액에 스타이로폼을 녹이고 비누를 갈아 넣는 것을 추천하며, 증점 효과와 연소 시간 증가, 불완전 연소를 통한 검은 연기 발생으로 시야 교란을 추가로 기대할 수 있다.

심지는 일반적인 천을 써도 되지만, 사용이 편리하진 않다. 오랫동안 보관하면 손상될 수 있고, 병 입구가 심지로 단단히 막혀 있지 않으면 옮기거나 던지는 도중에 인화물이 흘러나올 수 있기 때문이다. 이를 해결하기 위해 지속해서 산소를 공급할 수 있는 염소산 칼륨의 화학 반응이 사용된다. 여름철 바닷가에서 곧잘 볼 수 있는 불꽃놀이의 일종인 스파클러sparkler가 계속해서 타오르도록 혼합되거나, 성냥에 활용되는 물질이기도 한 만큼 한 번 열이 가해지면 확실한 연소를 보장한다.

확실하게 열을 공급함으로써 심지 없이 점화할 수 있는 몰로토프 칵테일 개량에는 두 가지 방식이 있다. 첫 번째 방식은 설탕과 진한 황산이 만났을 때 강렬한 탈수 및 탄화 반응을 통해 고열이 발생하는 실험을 적용하는 것이다. 염소산 칼륨과 설탕을 물에 녹여 헝겊에 적신 후 잘 말려 결정화한다. 그리고 황산과 인화물이 내부에 채워진 병을 헝겊으로 감싸 투척하면 병이 깨지며 순식간에 불타오른다. 만약 심지 없이 헝겊으로 둘러싸인 몰로토프 칵테일을 발견한다면 황산과 설탕의 반응을 활용한 것임을 설명하며 심도 있는 지식수준을 뽐낼 수도 있겠다.

두 번째 개량형은 비용은 많이 들지만 무엇보다 확실한 알칼리 금속과 물의 반응을 이용한 형태다. 나트륨Na이나 칼륨K 등 주기율표의 가장 왼쪽 세로줄인 1족에 자리한 알칼리 금속 원소들은 물과 닿으면 폭발성 수소 기체와 고열을 방출해 거대한 폭발을 일으키곤 한다. 물 대신 질산HNO_3이나 염산HCl 같은 산성 용액과 만나면 더욱 빠르고 강렬한 반응을 보이기에 과거 미 육군에서 나트륨 금속과 질산으로 점화되는 몰로토프 칵테일을 개발한 적 있다. 다만 멸망 이후의 세계에서 나트륨 금속을 구하려면 학교 과학 준비실을 탐색하는 것 외에는 마땅한 방법이 없으니 참고만 해두자.

3단계 **네이팜**

네이팜을 상징하는 두 물질인 나프텐산과 팔미트산은 지방산fatty acid의 일종이다. 먼저 알루미늄Al 혹은 마그네슘Mg과 혼합되어 긴 사슬 구조를 갖는 금속 비누 형태의 젤 물질로 변화한다. 이후 휘발유 등 탄화수소 연료와 혼합되면 서로 얽힌 3차원 그물 구조를 이뤄 끈적하게 눌어붙고 장시간 연소하는 기능이 부여된다. 무엇보다 마그네슘과 알루미늄 분말은 섬광탄이나 불꽃놀이 등 매우 밝은 빛과 열을 만들어내는 목적으로 사용되는 원소여서 네이팜의 효과를 강화한다.

단순히 끈적한 액체 물질로 연상되지만, 지방산과 금속의 반응은 분말 형태의 물질이 된다. 증점제로 작용하는 물질이어서 휘발유 같은 연료에 녹여야 우리가 기대하는 소이무기가 완성된다. 생활 속에서 전통적인 네이팜을 제조하기에는 나프텐산의 확보가 쉽지 않다. 팔미트산만 활용해도 어느 정도 제조가 가능하며, 팜유나 야자유, 동물성 지방에도 팔미트산이 함유되어 있어 응용할 수 있다.

스테아르산steraic acid을 사용하는 것도 좋다. 스테아르산 역시 지방산의 일종으로 동물성 지방이나 코코아 버터, 로션과 화장품 등에 들어 있으니 급한 상황이라면 사용할 만하다. 하지만 가장 확실한 방법은 역시 폴리스타이렌, 즉 스타이로폼이나 플라스틱 제품류를 활용하는 것이다.

여담으로 베트남전에서 사용된 소이무기는 네이팜-B로 불리는데, 당혹스럽게도 앞서 장황하게 소개한 지방산-금속 화합물은 전혀 포함되어 있지 않다. 단순히 네이팜이라는 표현이 소이무기의 대명사로 알려졌기에 이를 따랐을 뿐이고, 핵심은 이번에도 폴리스타이렌이다. 네이팜-B의 구성은 중량 기준으로 폴리스타이렌 43%, 벤젠 20%, 휘발유 37%의 혼합이다. 휘발유는 빠르게 연소하는 연료가 되며, 벤젠은 상대적으로 느리게 연소해 지속적인 소이 작용을 일으킨다. 첨가된 폴리스타이렌은 일종의 반응 지연 효과를 보여 긴 시간 동안 연소가 이루어지도록 만든다. 일반적인 네이팜이 1분가량 타오르는 것에 비해, 네이팜-B는 10분간 계속해서 불타기 때문에 더 확실하게 초토화된다.

오늘날 어디서든 쉽게 찾을 수 있는 폴리스타이렌의 대량 생산을 가속한 것은 그 무엇도 아닌 네이팜-B의 공급 계약 때문이었다. 현재 미국에만도 1,300만 리터 이상의 네이팜탄이 보관되어 있으며, 연료로 사용할지 분리해 자원화할지는 여전히 미지수다.

00:03

8초 전

흑색화약과 기사 문화의 종말

천벌을 받아라, 비열한 총!
인간을 멸하는 너는 땅에서부터 지옥으로 떨어져야 마땅하다!
너 때문에 기사들의 용감한 정신은 사라지고,
기사도는 천박한 하인들의 것이 될 것이다.

—《광란의 오를란도》, 아리오스토의 묘사를 바탕으로[1]

역사와 시대를 극단적으로 바꾼 특이점은 흥미롭다. 가장 거대한 제국을 세웠던 칭기즈칸이나 제임스 와트의 증기기관 발명, 현대 과학의 기틀이 된 양자역학이나 전쟁사의 기점이 된 원자폭탄의 탄생까지. 그중 가장 격렬하고 극적이며 낭만적인 순간은 기사 문화가 대단원의 막을 내리는 때가 아닐까 싶다. 하지만 그럼에도 우리는 화학적 관점에서 가장 아름답고 화려하며 폭발적인 이 순간을 맞이해야 한다. 흑색화약이라는 단순함 속의 본질적인 핵심을 들여다보는 순간이다.

가장 은밀한 비밀, 흑색화약

불은 인류를 진화시키고 문명을 이룩해왔으며 역사를 크게 바꾸었다. 타오르는 것을 넘어 폭발하는 작용으로 한 단계 올라서며 흑색화약이라는 어두운 힘이 숨겨져 있을 듯싶은 물질을 통해서 말이다. 화약은 기록의 혁신을 넘어 인류 지혜의 보편적 저장소를 만든 종이, 지식의 독점을 깨고 문명의 빛을 만인에게 비춘 인쇄술, 미지의 세계를 탐험하고 인류에게 허락된 지평을 넓힌 나침반과 더불어 전쟁의 양상을 영원히 바꾸고 근대 국가의 탄생을 촉진한 물질로서 인류의 역사를 바꾼 4대 발명품 중 하나로 꼽힌다.

화약의 발명은 9세기경 당나라 시대에 불로장생의 묘약인 단약丹藥을 만들고자 도전하던 도교 연단술사들에 의한 것으로 여겨진다. 다양한 광물과 식물을 조합해 분쇄하고 가열하는 실험을 반복하던 중 당시 염초焰硝라 불리던 질산 칼륨 KNO_3, 황, 숯이 혼합된 물질이 연기를 내며 타올라 폭발하는 현상을 목격하게 된다. 당시 초석(염초)은 인체의 열을 내리는 차가운 물질로, 황은 피부 질환의 치료제로, 숯은 뛰어난 흡착제여서 독성 물질이나 불순물을 제거하는 해독제로 사용되던 중이었으며, 궁극적인 약藥의 개발을 위해 혼합되었다. 화약火藥이라는 이름 역시 '불이 붙는 약'이라는 의미였고, 병을 치료하는 약물로도 여겨져 이후 화약이 군사적 용도로 본격 사용된 이후에도 약의 한 종류로 구분되기까지 한다. 흑색화약의 성능은 조합 비율에 따라 뚜렷하게 달라졌으며, 과거에는 순도 높은 초석의 생산이 매우 어려운 작업이었기에 단순히 연기나 불을 내 막사를 불태우는 인화물이나 신호용으로 쓰이게 된다. 10세기 송나라에서는 애니메이션 〈뮬란Mulan〉에 나오는 장면처럼[2] 불꽃놀이에 화약을 사용하기 시작했고, 11세기에 들어서야 화포나 총통 등의 무기가 등장한다. 이후 화약은 몽골 제국과 이슬람 세계를 통해 모든 곳으로 뻗어나간다.

흑색화약의 제조법에 대한 일화 중 13세기 영국 철학자이자 서양에서 화약 제조법을 상세히 기록한 최초의 인물인 로저 베이컨Roger Bacon의 암호가 흥미롭다. 그는 저서《예술과 자연의 비밀 작업과 마법의 무효에 대한 서신Epistola de secretis operibus artis et naturae, et de nullitate magiae》에서 자신이 발견한 흑색화약의 파괴적인 위험성을 우려해 제조법을 암호화해서 적어 그 내용을 숨겼다고 전해진다.

로저 베이컨의 암호는 다음과 같다.

Sed tamen salis petrae LURU VOPO VIR CAN UTRIET sulphuris; Et sic facies tonitruum et coriscationen, si scias artificium

흑색화약의 구성 성분인 초석과 유황이 각각 'salis petrae'와 'sulphuris'로 쓰여 있으며, 뜻을 알 수 없는 기묘한 부분 'LURU VOPO VIR CAN UTRIET'에서 암호임을 짐작할 수 있다. 이야기하려는 문장을 구성 단어들의 첫 철자 혹은 마지막 철자만 사용해 뒤섞는 노타리콘notarikon과 유사한 방식이 적용되어 있다. 노타리콘은 유대교 신비주의를 의미하는 카발라cabbala, הלבק에서 히브리 문자를 숫자로 바꿔 암호화하는 게마트리아gematria, הירטמיג와 마찬가지의 암호화 방식이다. 간단한 예로 소주, 백세주, 산사춘, 맥주를 1:1:1:1의 비율로 조합해 만드는 폭탄주를 '소백산맥'으로 줄인 것을 들 수 있다. 경험해본 사람들에게는 간편히 줄여 이야기하며 제조법을 표현하는 정도지만, 술을 즐기지 않는다면 갑자기 신생대 지각운동으로 융기해 만들어진 대한민국의 산맥을 왜 말하는지 이해되지 않을 것이다.

이 의문의 암호는 흑색화약의 세 가지 재료인 초석, 숯, 황의 배합비를 지시한다. 전체적으로 해석한다면 "초석 7, 유황 5,

숯 5를 취해 함께 다루면, 천둥tonitruum과 번개coriscationen를 만들 수 있으리라. 만약 네가 그 기술artificium을 알고 있다면 말이다." 라는 웅장한 의미가 된다.

현재 사용되는 흑색화약의 조성은 질량비로 75%의 질산 칼륨(초석), 15%의 숯과 10%의 황으로, 로저 베이컨의 기록과는 꽤 큰 차이가 있다. 기록 자체가 잘못되었거나 다른 인물들의 편집이 이루어졌을 가능성과 더불어 기본적인 화학 지식과 정제 기술이 미비해 물질의 순도가 사뭇 달랐기 때문이라는 해석도 있다.

로저 베이컨의 서술에 초석이 언급된 것에서 이미 13세기 이전에 초석 생산법이 개발되었음을 예상할 수 있다. 중세에는 초석 침대nitre bed 혹은 초석 농장saltpetre farm이라는 형태로 동물과 사람의 분뇨를 원료로 초석을 합성했다. 지속해서 질산 칼륨을 생산하려면 최소 6개월 이상의 중장기 작업이 필요했으며, 무기에 관련된 쓰임새로 인해 왕실이 국가안보 필수전략물자로 엄격하게 관리했다. 왕실 독점권royal prerogative이 선포되어 임명받은 왕의 대리인만 초석을 채취할 수 있었으며, 특히 영국에서는 튜더 왕조와 스튜어트 왕조 시기에 초석 채취인saltpetre men이라는 특수한 직업이 생겨나기도 했다.

초석 채취인의 권한은 꽤 막강했다. 발굴권droit de fouille이라는 왕실 영장을 받아 주택이나 마구간, 비둘기집, 심지어 침실 바닥 같은 개인 사유지를 파헤쳐 누적된 분변으로 초석이 풍부한 흙을 채취할 수 있었다. 채취한 초석을 옮기기 위해서는 마음대로 수레를 징발해 사용할 권한도 있었으며, 세금조차 면제받았다. 인권 등에 관한 개념이 미비하던 중세였으므로 파헤친 땅을 보상하거나 복구할 의무도 없었고, 건물이 무너지는 일도 흔했다. 당시 화약의 중요성과 초석의 수요가 생각보다도 더 컸던 셈이다.

오르반 거포와 테오도시우스 성벽

차가운 강철이 부딪치며 피를 흩뿌리던 시대, 힘과 기술, 용맹이 전장의 모든 것을 결정하던 때가 있었다. 칼과 창이 부딪치고, 벼려낸 금속 위로 붉은 피가 타고 흐르며, 눈앞의 적을 쓰러뜨려야만 살아남을 수 있었던 냉병기의 시대. 그러나 이제 그 모든 것이 달라진다. 흑색화약이라는 '불이 붙는 약'이 인류의 역사에 일으킨 파장은 단순히 기술적인 발명을 넘어섰다. 이제 깨닫기 전에 몸에 틀어박히는 탄환의 공포를 마주했고, 그 뒤에는 자욱한 연기와 매캐한 화약의 잔향만 남았다. 이 혁명적인 변화는 지식의 확산을 촉진하고 미지의 세계를 개척하는 나침반처럼 새로운 지평을 열었으며, 무엇보다 전쟁의 얼굴을 완전히 바꾸어놓았다. 기사도의 낭만적인 시대가 저물고, 이제는 화약의 시대가 왔음을 알리는 신호탄이었다. 그리고 그 신호탄은 인류 역사의 한 시대를 상징하는 거대한 제국의 종말을 알리는 섬광이기도 했다. 바로 동로마 제국, 비잔티움 제국의 마지막 숨결이 흑색화약의 폭음과 함께 사라지던 순간이었다.

동로마 제국의 정통성은 간혹 논쟁의 대상이 되기도 하지만, 단일 제국으로 1,000년이 넘는 시간을 버텨낸 위업을 보유했다. 현재의 튀르키예 이스탄불에 해당하는 동로마 제국의 수도 콘스탄티노플은 난공불락의 도시였는데, 테오도시우스 성벽Theodosian walls이라 불리는 삼중 성벽이 수많은 침략자의 시도를 좌절시켜 왔기 때문이다.

그러나 콘스탄티노플을 노리던 튀르크의 술탄 메흐메트 2세محمد ثانی는 흐름을 뒤바꿀 완전히 새로운 무기를 준비하고 있었다. 바로 흑색화약으로 압도적인 질량을 쏟아내는 거대 청동 대포인 오르반 거포Orban's cannon였다. 헝가리인 기술자 오르반이 만든 이 대포에는 흥미로운 일화가 몇 가지 숨어 있다. 처음에 오르반은 동로마 제국의 황제 콘스탄티노스 11세에게 자신의 대포 기술을 실현하는 데 투자하라고 제안한다. 하지만 동로마 제국은 힘을 잃어가던 중이었으며, 재정난으로 인해 충분한 보수를 지급할 여력이 없어 거부한다. 이때 오스만 제국의 메흐메트 2세가 오르반의 소문을 듣고 초빙해 아낌없는 지원을 약속하며 거포 제작이 시작된다.

완성된 거포는 이름 그대로 엄청난 크기를 자랑한다. 돌을 깎아 만든 지름 75.2cm의 화강암 포탄의 무게는 약 600kg에 달했으며, 무려 8.5m의 포신을 통해 발사된다. 로마 제국의 건축 기술과 성곽 설계가 집약된 테오도시우스 성벽은 바깥쪽의 해자와 5m 높이의 외성벽, 12m 높이의 내성벽으로 이루어져 포탄을 날려 보내야 할 거리도 상당했다. 과거의 기록을 뒤져본다면 대포는 해자로부터 350m 거리, 곧 내성벽에서 500m 떨어진 지점에서 발사되었고, 내성벽의 9.15m 높이 지점을 타격해 구멍을 만들었다는 정보를 참고할 수 있다.[3] 이를 계산해보면 발사할 때 음향 압력은 무려 120데시벨dB로 콘서트나 지진에서 발생하는 수준의 소음이다. 7.3km 떨어진 지역에서도 거포 발사 소리가 들렸다고 하며, 직접적인 성벽 파괴보다 도시 내 주민과 병사에게 끊임없는 굉음으로 심리적 공포와 공황을 유발했다는 보고와도 일치한다.

이 모든 결과를 만들어낸 것은 177kg의 흑색화약이었다. 의약품을 연구하다가 발생했던 불씨가 수백 년의 시간을 넘어 거대한 포탄을 저 멀리 초속 216m로 날려 보내는 데 이른다.

혹시라도 흑색화약에 불을 붙여본 경험이 있다면 제아무리 양이 많다 해도 바위를 저 멀리 날려 보내는 일이 가능할까 의심스러울 수 있다. 흑색화약은 밀폐된 공간에서 연소를 통해 발생시킨 다량의 기체로 포환을 밀어내는 작용을 하는데, 간단히 이 과정을 계산해볼 수 있다. 1g의 흑색화약이 연소할 때 약 280~300mL의 기체가 발생한다. 우리가 마시는 물 한 잔이 보통 120mL 정도 되니 많아야 물 2잔 반 정도라는 것인데 여전히 역부족인 듯싶다. 하지만 한 가지 사실을 더 고려하면 흑색화약의 잠재력은 급격히 커진다.

단순한 환산은 인간에게 친숙한 표준상태, 즉 25℃와 1기압 조건을 기준으로 한다. 그러나 화약의 연소는 고온 조건을 형성한다. 화약류마다 연소 온도가 알려져 있는데, 흑색화약은 약 2,200℃ 수준이다. 어마어마하게 높은 온도 같지만, 앞으로 우리가 만나볼 강력한 고폭약들에 비하면 귀여운 정도다. 기체는 온도에 비례해 부피가 변화한다. 풍선을 드라이아이스에 넣으면 아주 작게 쪼그라들고, 뜨거운 물에 담그면 크게 부푸는 현상을 떠올려보자. 이처럼 온도와 기체 부피의 관계는 과학 수업 시간에 배우는 샤를의 법칙Charles' law으로 친숙하다. 18세기 프랑스의 과학자였던 자크 알렉상드르 세자르 샤를Jacques Alexandre César Charles이 이 법칙을 정리하며 이런 이름이 붙었다. 이 조건에서 흑색화약이 기화하면 무려 2,820배의 부피로 변화한다.[4] 오르반 거포에 투입되는 흑색화약이 이론상 완전히 연소한다면 무려 29만 3,670L의 기체가 발생하며, 조금 더 친숙한 단위로 비교한다면 대형 버스 29대 규모가 포신 내부에 순식간에 발생하는 것이다. 이 정도면 거대한 바위 포탄을 500m나 날려 보내는 것도 충분히 가능하다.

하지만 내부에서 고온 고압 환경이 만들어진다면 강철이나 현대 초합금에 비해 무른 청동 포신이 뒤틀리거나 손상되는 결과도 상상된다. 오르반 거포는 발사 후 재조정과 장전까지 약 3시간 이상 소요되었기에 한 화포당 하루에 7번 정도만 발사할 수 있었다. 그럼에도 끝없이 쏘아내던 포탄은 결국 성벽에 피해를 주는 데 성공했으며, 수백 년간 어떤 공격에도 버텨냈던 성벽은 흑색화약 앞에서 조금씩 허물어졌다. 상상처럼 성벽이 무너져 내린 것까지는 아니었지만, 성벽에 균열이 생기자 오스만 보병들은 그 틈을 비집고 성안으로 밀고 들어갔다. 결국 1453년 5월 29일에 콘스탄티노플이 함락되는데, 이 사건은 단순히 한 도시의 함락 이상의 의미가 있다. 로마 제국의 마지막 흔적이 사라진 것이며, 중세의 종말과 근세의 시작을 알리는 상징적인 사건이었다. 새로운 서곡을 연 것은 다름 아닌 흑색화약의 군사적 적용이었다.

제국을 무너뜨린 거포의 발명가 오르반을 조금 더 조사해 보면 그의 죽음이 콘스탄티노플이 함락된 해와 같음을 발견할 수 있다. 오르반 거포는 엄청난 위력을 자랑했지만 발사할 때 다량의 흑색화약 연소에서 생겨나는 내부 압력으로 포신의 내구성이 불안정해지는 고질적인 문제가 있었다. 강철이 아닌 청동으로 이루어진 포신은 금이 가거나 손상되는 일이 잦았다. 그리고 콘스탄티노플 공성전이 한창 진행되던 중 거포 하나가 폭발하는 사고가 발생한다. 오르반은 이 폭발로 사망했다고 기록되며, 제어할 수 없는 너무나 강한 힘에 의해 스스로 몰락하는 장면을 떠올리게 한다.[5]

전쟁의 변화와 기사 시대의 몰락

이후로 흑색화약과 본격적인 화기의 사용은 전쟁의 양상을 극단적으로 바꾸기 시작한다. 영화 〈반지의 제왕: 두 개의 탑〉을 감명 깊게 본 독자라면 나팔산성(헬름협곡 요새)을 향해 몰려드는 사루만의 군대와 수성전을 펼치며 동이 틀 때까지 처절하게 버텨내는 방어군을 기억할 것이다. 반지 원정대의 아라고른과 김리, 레골라스는 얼마 남지 않은 데다가 그마저도 늙거나 어린 병사로 이루어진 로한의 기마대The Rohirrim, 갈라드리엘이 보낸 할디르를 필두로 한 엘프 지원군 등 1천여 명을 이끌며 우루크하이와 오크, 워그 등으로 구성되어 공성 병기까지 지참한 1만 명이 넘는 적의 침공에 맞선다.[6] 고대 전쟁의 핵심은 공성보다 수성이 유리하다는 점이다. 압도적인 수의 열세를 끝내 버텨내 동이 틀 무렵 언덕 너머에서 등장하는 간달프와 에오메르의 2,000명 로한 기병대와 함께 반지 원정대는 끝내 승리를 거머쥔다.

여기서도 몇 가지 흥미로운 점을 눈여겨볼 수 있는데, 소설에서는 사루만의 마법으로 만들어진 '오르상크의 불꽃Fire of Orthanc'에 의해, 영화에서는 화약으로 만든 폭발물에 의해 성벽이 무너지며 걷잡을 수 없이 밀려나는 장면이 등장한다. 성벽의 존재는 과거 전쟁에서 가장 큰 억제제로 작용한다. 영화 속 화약의 등장은 근대 기계문명에서 모티브를 따온 아이센가드 요새의 설정을 반영하는 장면이자, 냉병기 시대를 끝낸 흑색화약의 역사적 상징성을 보여주는 각색이라고도 할 수 있다.

생존을 위해 모든 것을 투자한 전쟁이었다지만, 나팔산성 전투 이후 요새는 어떻게 되었을까? 배수로와 성벽은 무너지고 내성까지 침입한 우루크하이에 의해 반격 전까지 모든 것은 불타고 파괴되었을 것이다. 왕국이라기에는 의외로 허름했던 로한의 풍경을 생각한다면 요새의 복구에 매우 오랜 시간이 필요했거나, 혹은 폐허만 남아 전설적인 수성전이 있었던 관광지로 쓰임새가 바뀌는 게 전부였을 것이다. 수십 년의 시간과 막대한 비용을 들여 만든 성벽은 화약과 대포의 등장 이후 난감한 애물단지가 된다. 수성에 성공하더라도 무너져 내린 성벽은 '졌지만 잘 싸웠다'가 아닌, 상처뿐인 승리다. 화약으로 거대한 포탄을 먼 거리에서 쏘아대니, 꼼짝없이 갇힌 채 과녁이 된다. 결국 성안에 틀어박혀 대항하던 세력 역시 성문을 열고 전략을 고민하며 맞서 싸우기 시작하니, 바로 야전野戰, field war의 등장이다.

전쟁 양상이 야전으로 흘러가며 한동안 뛰어난 기동력을 자랑하는 기사의 중요성이 커진다. 오르반 거포의 경우를 보면, 현재의 튀르키예 최서단 도시로 그리스와 불가리아 국경에 인접한 에디르네Edirne에 해당하는 아드리아노플에서 제작되어 콘스탄티노플 전선으로 약 230km의 거리를 2개월에 걸쳐 운반되었다. 무려 90마리의 황소와 400명의 인력이 투입되었는데도 말이다. 평균적으로 하루에 약 3.8km를 이동한 셈인데, 기마대가 대포를 파괴하기 위해 달려든다면 거의 없다시피 한 기동력으로 인해 도망칠 수 없게 된다. 크고 무거워 기동성이 떨어지며, 조작하는 데 많은 인력과 시간이 필요한 대포의 단점을 보완해 흑색화약 기술은 또 다른 형태로 진화했다. 바로 개인 병기, 즉 핸드건handgun 같은 소형 화기의 발명이었다.

초기 핸드건은 단순한 형태의 총포로, 긴 나무 끝에 총신을 달고 약실에 흑색화약을 채운 뒤 불꽃을 가져다 대 점화하는 방식이었다. 가늠쇠도 견착도 강선도 없어서 명중률이 떨어지고 재장전 시간도 길었지만, 물리적으로 저장된 에너지의 활용이 아닌 화학 반응으로 활이나 석궁보다 뛰어난 파괴력을 지녔다. 갑옷을 뚫을 수 있는 총알은 기사들을 무기력하게 만들었고, 이는 곧 중세 봉건제를 대표하는 기사 계급의 몰락을 가속한다.

갑옷으로 무장한 기사 이미지로 대중문화에서 상징적인 프랑스의 장다름gendarme이나 폴란드의 윙드 후사르winged hussars가 사라지는 것도 개인 화기가 보급된 영향이 크다. 과거 이러한 중장기병은 돌격 전술로 보병 대형에 큰 충격을 주었지만, 편제가 바뀌며 뭉친 보병들은 화약 무기로 일제히 사격해서 기병을 효과적으로 막을 수 있었다. 이에 따라 돌진이 비효율적 전략이 되며 기병은 정찰이나 추격, 측면 타격 역할로 바뀌었고, 용기병dragoon이라는 새로운 병과가 탄생하기도 한다.[7]

핸드건은 흑색화약의 안정적인 점화와 발사를 목표로 계속 발전한다. 15세기 후반에는 매치록matchlock 방식이 사용된다. 화약이 담긴 약실 옆에 작은 구멍을 뚫고, 이 구멍에 점화된 심지를 대어 화약을 폭발시킨다. 가장 초기의 총기가 등장하는 영화에서 종종 볼 수 있는 심지가 있는 총의 형태다. 단점도 명확했는데, 심지에 불이 붙어 있어서 야간 전투 때는 위치가 쉽게 노출된다는 것과 비가 오거나 습한 날씨에는 불이 꺼져 사용할 수 없다는 점이다. 흔히 성냥match을 사용했기에 이러한 명칭이 붙은 것으로 오해받기도 하지만, 천천히 타들어가는 심지나 끈인 화승match을 의미한다. 만에 하나 화승총을 만들어 사용해야 하는 상황이 된다면 단순한 심지를 연결해서는 작동하지 않으니, 질산 칼륨에 담가 적신 후 바싹 말린 심지를 사용해야 적절히 높은 온도로 일정하게 연소한다는 요령을 기억하자.

소총은 16세기에 들어서며 휠록wheellock 방식으로 진화한다. 시계태엽처럼 감긴 톱니바퀴가 부싯돌과 마찰하며 불꽃을 일으켜 화약을 점화한다. 심지가 외부로 드러나거나 습기에 눅눅해지는 문제가 해결되어 날씨 영향을 덜 받게 되었고, 휴대성이 좋아졌기에 기병용 권총으로 애용된다. 하지만 그만큼 복잡한 구조여서 제작 비용이 비싸고 고장나기 쉽다는 단점도 함께한다.

17세기부터는 그 유명한 플린트록flintlock이 사용된다. 반복적으로 포함된 '록lock'이라는 단어는 총기의 격발 장치를 말한다. 플린트는 부싯돌을 뜻하는데, 부싯돌이 강철로 만들어진 뚜껑을 때려 불꽃을 일으키고, 이 불꽃이 뇌관을 통해 흑색화약을 점화시킨다. 톱니바퀴에 비하면 구조가 훨씬 간단해서 뛰어난 가성비와 우수한 신뢰성으로 이후 200여 년간 계속해서 사용된다. 〈캐리비안의 해적〉 같은 영화에서 간단히 사용되는 총들이 이 메커니즘을 따른다.[8]

야전 중심의 전쟁에서는 병사 개개인의 전투 능력보다는 집단적인 화력 운용과 전술적 기동성이 중요해졌다. 대규모 보병대가 정교한 대열을 이루고 일제 사격으로 적을 제압하는 전술이 등장했다. 특히 스위스 용병 같은 보병대는 화약 무기와 결합해 전장의 주역으로 떠올랐다. 이처럼 흑색화약은 단순한 폭발물이 아니라 세계 역사의 흐름을 바꾼 거대한 힘이었으며, 전쟁의 모든 측면을 재편하는 핵심 동력이었다.

중세 봉건제는 막대한 비용을 들여 육성한 전투 기계와 다름없던 기사 계급의 군사적 우위에 기반을 두고 유지되었다. 하지만 총기는 단련된 강인한 육체와 값비싼 장비를 무력화했고, 총을 들어 올릴 수 있다면 누구나 사용할 수 있다는 범용성으로 다수의 보병을 육성하는 방향으로 전환된다. 이 간편함은 오히려 중앙 집권적 군대로 국왕의 권력을 강화한다. 사용이 간편하지만 우발적인 사고나 반란으로 이어질 수도 있었으므로 화약 무기에는 복잡한 훈련과 규율이 요구되었다. 흑색화약과 질산 칼륨을 생산하고 총기를 유지 보수하는 데는 상당한 자원이 필요해서 국가가 직접 통제하는 상비군이 중요해진다. 공성전과 요새의 형태도 발맞춰 진화한다. 후기 요새들은 대포 공격에 잘 버틸 수 있도록 낮은 성벽과 각진 보루를 가진 새로운 형태가 되며, 높아진 건설 비용으로 다시금 중앙 정부의 역할이 커졌다.

그러나 이제껏 혁신을 이끌어온 흑색화약은 놀라운 위력만큼이나 치명적인 단점이 있었다. 큰 문제 중 하나는 발사할 때 발생하는 엄청난 양의 연기였다. 대규모 전투에서 화포와 소총이 일제히 발사되면, 전장은 곧 자욱한 연기로 뒤덮였다. 이 연기는 적군의 시야를 가리는 동시에 아군의 시야 또한 방해해 전장 상황을 파악하기 어렵게 만들었고, 지휘관의 명령 전달에도 혼란을 일으켰다. 또한 습기에 매우 취약해서 비가 오거나 습한 날씨에는 화력이 현저히 떨어지거나 아예 발사할 수 없는 경우도 많았다. 이 외에도 장전 과정이 복잡하고 느리다는 점, 불완전 연소로 인해 총신 내부에 찌꺼기가 쌓여 총기 오작동을 유발한다는 점 등이 흑색화약의 주요 단점으로 꼽혔다. 그럼에도 흑색화약이 제공하는 파괴력은 이러한 단점들을 상쇄하고도 남을 만큼 압도적이었기에 그 사용은 폭발적으로 증가했다. 그리고 과학의 발달과 우연의 결합은 연기가 나지 않는 완전히 새로운 화약의 출현으로 이어진다.

멸망을 대비하는 생활 화학 제조법

1단계 초석 농장

멸망 이후의 세계에서 우리의 가치를 좌우하는 것은 무엇일까? 무력, 그것도 매우 강력한 무력이다. 특히 독서를 취미 삼아 활자의 세계에서 살아온 독자들은 약육강식과 존재 가치 증명이 핵심인 무너진 문명 속에서 노동력 이상의 가치가 없을 것이다. 그러니 조금 시간이 오래 걸리는 방식이지만 전통적인 초석 농장 구축 방식과 과학적 원리를 알아두면 화약 공급자로 꽤 큰소리칠 수 있을 테니 참고하라.

몇 가지 준비 물품이 있으나 우선은 점토 등으로 바닥을 단단히 다져 물이 빠지지 않는 넓은 웅덩이를 만드는 것이 좋다. 동물의 분변, 짚이나 낙엽, 음식물 쓰레기나 하수 찌꺼기 같은 썩은 유기물을 번갈아 쌓아 다공성 더미를 만들자. 이후 분변이나 유기물에 함유된 단백질, 요소 등 유기 질소 화합물들은 다양한 미생물에 의해 분해되어 암모니아NH_3 또는 암모늄 이온NH_4^+이 생성된다. 직사광선이나 빗물에 노출되면 미생물이 죽을 수 있으니 간단한 지붕이나 덮개로 보호하며, 주기적으로 습도를 유지한 채 유기 질소를 공급하기 위해 분뇨를 희석한 물을 뿌린다. 이 작업을 6개월가량 지속하면 계속해서 화학 반응이 일어난다.

앞선 과정을 거친 후에는 암모니아화ammonification를 넘어 아질산화nitritation가 시작되는데, 니트로소모나스Nitrosomonas속의 세균에 의해 산화되어 암모니아와 암모늄 이온은 아질산염NO_2^-으로 변환된다. 이윽고 최종적인 질산화nitratation가 이루어지며, 이번에도 또 다른 세균인 니트로박터Nitrobacter속에 의해 분변에 녹아 있는 질산NO_3^-이 만들어진다.

정리하자면 분변과 유기물이 미생물에 의해 처리되는데, 요소→암모니아→아질산→질산의 과정을 따른다. 문제는 분뇨에 함유된 다양한 금속 양이온과 결합해 질산 칼슘$Ca(NO_3)_2$이나 질산 나트륨$NaNO_3$을 만들기에, 우리가 원하는 질산 칼륨이 우세해지려면 어디선가 칼륨을 얻어 추가로 넣어주어야 한다는 점이다. 의외로 구하기 쉬운 원소가 칼륨이다. 식물이 생장하는 데 가장 중요한 요소들, 곧 비료의 3요소가 질소, 인, 칼륨인데, 나무를 태우고 남은 재에는 기화되지 않고 남겨지는 금속 원소인 칼륨이 풍부하다.

미생물의 작용으로 충분한 양의 질산 칼륨이 만들어지면 소금 결정이 염전에 피어나듯 유기물 더미 표면에 흰색 결정이 나타난다. 이미 내부 흙에는 질산 칼륨이 많이 농축되었다는 의미이니 물에 녹여 침출액을 얻자. 그렇게 얻은 침출액을 한 차례 끓여 불순물을 제거한 후 다시 한번 재를 뿌려준다. 이번에 넣어주는 재는 추가적인 칼륨 공급은 물론이고 강알칼리성 환경을 만들기 위해서다. 재를 물에 녹이면 강한 염기성 환경이 되어 수산화 이온OH^-이 다량 생성되는데, 수산화 이온은 초석 제조에 불필요한 마그네슘, 칼슘 등과 결합해 침전물을 만들어 제거한다. 이후 동물의 피 등을 뿌려 잔여 유기물을 제거하거나 냉각해 분리하는 과정으로 꽤 순도 높은 초석이 얻어진다. 질산 칼륨은 씁쓸한 맛과 함께 날카로운 짠맛을 가졌으니, 혀에 대보는 것만으로도 확인할 수 있다.

만약 고립된 곳이 대형마트가 있는 도심이라면 의외로 질산 칼륨을 급히 확보하기 쉽다. 비록 환경 문제로 사용이 줄어들고 있지만 일회용 냉매팩을 확보하면 절반 이상 성공이다. 냉매팩은 질산 암모늄NH_4NO_3의 흡열 반응으로 작용한다. 칼륨은 조미료 매대에서 저염 대체 소금을 찾아보면 염화 나트륨$NaCl$ 대신 염화 칼륨KCl으로 이루어진 제품을 쉽게 발견할 수 있다. 이 두 화학물질을 물에 녹여 혼합한 후 냉각하면 하얀 결정이 석출되며, 이것이 도심의 초석 농장인 셈이다.

2단계 숯 만들기

질산 칼륨이 준비되었다면 절반 이상의 성공을 거둔 셈이다. 다른 재료들도 하나씩 모아보자. 숯은 바비큐용으로 판매되는 제품을 갈아서 사용해도 된다. 다만 여력이 있다면 숯을 직접 만드는 방식도 알아두면 비상시에 유용하다. 숯은 단순한 연료가 아닌 물의 정수, 잉크 제조, 심지어 의약품으로까지 사용될 수 있으니 말이다. 숯을 많이 만들려면 금속제 드럼통을, 조금만 만들려면 뚜껑이 있는 페인트통 등으로 충분하다.

산소 없이 고열이 가해져야 목재가 탄화되어 숯이 만들어지지만, 너무 단단히 밀봉하면 폭발할 수 있으니 주의하자. 목재를 열처리하면 가연성이 높은 메테인CH_4 기체나 메탄올CH_3OH 이 발생하므로[9] 작은 구멍들을 뚫어두지 않는다면 한 번에 열려 배출되며 폭발하게 된다. 원하는 목재를 금속 통에 담은 후 불을 붙인 작은 나무 조각을 통에 넣고 뚜껑을 덮자. 그 통을 모닥불 속에 넣어두면 미리 뚫어놓은 구멍으로 흰색 기체가 조금씩 새어 나올 텐데, 더는 기체가 발생하지 않으면 숯이 완성된다. 이때 주의할 점이 하나 더 있다. 숯이 완성됐다고 해서 닫아둔 뚜껑을 너무 일찍 열면 공기 중의 산소가 유입되어 백색의 재로 산화되니, 완전히 차갑게 식은 후 열어야 한다.

우리가 찾아야 할 목재는 버드나무나 오동나무, 오리나무, 산사나무다. 활엽수 중 목질의 밀도가 낮고 빠르게 자라는 나무일수록 화력이 좋은 숯을 만든다. 연소에서 재가 적게 발생하며 탄소 함량이 높기에 이상적인 숯이다.

3단계 황 확보하기

황은 유황이라고도 불린다. 유황 온천이라는 단어가 친숙하게 느껴지듯 황은 화산지대에서 비교적 얻기 쉽다. 현재도 화산지대에서 샛노란 황 결정을 캐 운반하고 판매하는, 이른바 '극한 직업'에 대한 다큐멘터리를 종종 찾아볼 수 있다. 하지만 우리에게 황을 얻기 위해 화산지대로 이동하라는 조언은 아무런 쓸모가 없다. 근처에 화산이 있다면 그 지역에서 살고 있지도 않았을 테니 말이다.

황은 대형마트나 조경용품점에서 찾아보는 것이 편하다. 토양의 산도 조절제나 곰팡이 방지제에는 순수한 황이 분말 형태로 포함되어 있다. 순도도 90% 이상으로 꽤 높아서 사용하기에 적합하다. 만약 비료 성분과 혼합된 종합 영양제라면 물질의 성질을 이용해 황만 분리할 수 있다.

황은 상온에서 노란색 고체 형태로 존재하며, 비극성 물질이기에 물에 녹지 않는다. 하지만 비료를 구성하는 질산염, 인산염, 칼륨염 등은 모두 물에 녹는다. 비료를 물에 넣어 녹인 후 고체로 존재하는 황을 커피 여과지나 천 등을 이용해 걸러내면 손쉽게 얻을 수 있다.

4단계 흑색화약 제조

흑색화약 제조에서 가장 중요한 것은 무엇일까? 균일한 입자와 연소 효율? 아니다, 바로 안전이다. 화약류 취급에서 발생하는 작은 실수는 연쇄 폭발과 사고로 이어지므로 언제나 안전에 주의를 기울여야 한다. 물론 나와 여러분은 지식의 공유와 멸망 이후의 세상에 대비하는 정보를 이야기하는 것뿐이지, 법적으로 금지된 폭발물을 실제로 만들려는 것이 아니니 서로 걱정하지는 말자.

첫 단계는 준비된 질산 칼륨과 숯, 황을 각각 고운 가루로 분쇄하는 것이다. 곱게 분쇄할수록 균일하게 혼합되며 반응성이 좋아진다. 다만 빠르게 작업하려고 금속 도구를 사용하면 스파크로 인해 언제든 점화가 이루어질 수 있으니, 세라믹이나 유리, 나무, 플라스틱 등으로 이루어진 막자사발을 사용하라.

두 번째 단계는 혼합이다. 흑색화약은 습도에 크게 영향을 받으니 완전히 말린 재료들을 지정된 비율에 따라 섞는다. 나무 주걱이나 플라스틱 숟가락 등을 활용해 넓은 용기에서 조심스럽게 섞는다. 만약 숙련되었다면 소량의 물이나 알코올을 첨가해 슬러리 형태로 만들어 작업하는 것도 좋다. 분말이 흩날리는 일을 방지하고 고르게 섞을 수 있다. 숙련도가 필요한 이유는 다 섞은 후 다시 건조해야 하며, 이 과정에서 의도치 않은 폭발이 발생할 수 있기 때문이다.

만약 습식 혼합을 채택했다면 과립화granulation 단계가 추가된다. 체를 통과시켜 작은 알갱이 형태로 만들거나, 칼국수 반죽처럼 넓게 편 다음 오염되지 않도록 위생랩 등을 덮어 건조시킨 후 밀대로 밀어 작은 알갱이로 일괄 분쇄하는 방식을 사용할 수 있다.

이 모든 작업이 끝났다면 준비된 흑색화약을 햇빛이 들지 않는 건조하고 공기가 잘 통하는 곳에 보관하면 된다. 현대 화학 문물을 마음껏 활용할 수 있으니 금속 용기보다는 플라스틱이나 유리 용기에 보관하면 안전하다. 이 모든 작업은 역사를 바꿔온 인간의 지식이자 미래를 대비하는 지식으로 머릿속 깊은 곳에 담아두기만 하자. 저자가 왜 쓸데없이 상세히 알고 있는지도 크게 중요한 부분이 아니니 관심을 두지 않는 것이 좋겠다.

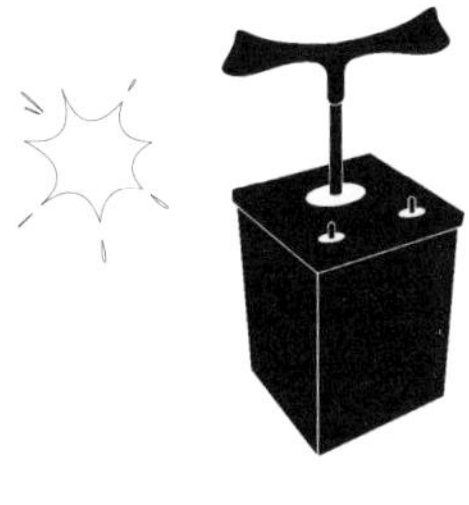

7 초전

나이트로셀룰로스와 문화의 부흥

내 이름은 쇼산나 드레퓌스,
그리고 이것이 바로 유대인의 복수의 얼굴이다.
—〈바스터즈: 거친 녀석들Inglourious Basterds〉에서 쇼산나의 독백

극장, 이제는 영화관이라 불리는 이 장소는 여러 매체 속에서 주로 추억과 아름다움이 재생되는 공간이거나 회상이 펼쳐지며 스쳐가는 곳으로 그려지곤 한다. 특히 둔탁한 반복음을 내며 돌아가는 영사기의 예스러운 분위기는 극장을 영화 관람 장소 이상의 낭만적인 의미로 느끼게 만든다. 하지만 내 기억에 가장 선명하게 남은 영화 속 극장은 쿠엔틴 타란티노 감독의 〈바스터즈: 거친 녀석들〉에서 주인공의 상실감이 매력적이고 폭력적인 복수로 이어지는 장면이다. 나치 장교 한스 란다에게 가족을 잃었던 어린 소녀는 히틀러, 괴벨스, 힘러 등이 선

전 영화 〈국가의 자랑Stolz der Nation〉을 관람하는 극장에 화재를 일으켜 복수극을 완성한다. 바로 나이트로셀룰로스nitrocellulose로 만들어진 영화 필름을 불태우는 방식으로.

무연화약의 발명

나이트로셀룰로스. 화학물질의 이름만 놓고 본다면 여느 것과 다름없다. 가끔은 왠지 멋있어 보이고, 또 가끔은 위험하거나 복잡하거나 해로울 것 같은 기분이다. 화학물질의 이름이 복잡하고 어려운 것은 당연한 일이다. 이제껏 합성되어 이름이 붙은 유기화합물만 수천만 종이며, 미세한 조정으로 변화된 구조들을 포함한다면 억 단위는 가볍게 넘는다. 염鹽, salt이나 무기물, 결정, 광물질 등 주기율표의 다른 부분들까지 포함하면 조합에서 나오는 물질의 다양성으로 조 단위의 물질이 셈해지지 않을까 싶다. 이 광범위한 정보가 화학물질의 이름을 어렵게 느껴지도록 한다.

예를 들어 인간과 동물이 호흡할 때나 연료가 불에 타오를 때 방출되는 이산화 탄소를 살펴보자. 이산화 탄소는 하나의 탄소와 두 개의 산소로 이루어진 분자로, 'CO_2'로 표기하곤 한다. 우리말 이름인 '이산화 탄소' 역시 물질을 구성하는 원소의 종류(탄소와 산소), 그리고 원자의 개수(각각 1개와 2개)를 그대로 말한다. 영어도 똑같아서 'carbon dioxide'라고 부른다. 이런 복잡한 이름보다는 이산화 탄소의 성질과 엮어 귀엽거나 말랑말랑한 이름을 붙였다면 기억하기 좋지 않을까 하는 아쉬움이 남지만, 수천만 가지 물질마다 다른 이름을 달아주기는 어렵다. 결국 구성과 형태를 그대로 표현하는 가장 직관적인 방식으로 화학물질을 부르면서 이름이 구조를 그려내고 구조가 기능을 만든다는 화합물의 기본 원리가 만들어진다.

나이트로셀룰로스 역시 이름을 뜯어보면 무엇으로 만들어졌을지 추정할 수 있다. 사과주스, 파인애플주스, 수박주스 모두 본질은 주스다. 일반적으로 두 가지 표현이 결합해 만들어진 단어는 본질이 뒤에 놓이고 다양성이나 정체성을 수식하는 표현이 앞에 온다. 나이트로셀룰로스 역시 본질은 셀룰로스다. 셀룰로스는 식물 세포벽의 주요 구성 성분이며 지지대 역할을 하기에 식물 구성 물질의 1/3을 차지한다. 생태계의 구조상 셀룰로스는 지구상에서 가장 풍부한 유기화합물이며, 포도당 단위체들이 길게 연결된 고분자 물질이다. 포도당의 연결 방식에 따라 사슬 형태의 물질은 녹말이나 글리코겐 등으로도 구분되는데, 인간을 포함한 동물 대부분은 셀룰로스만은 소화 및 분해할 수 없는 형태로 진화했다.

화학 반응을 통해 나이트로(질산) 작용기 여럿이 셀룰로스

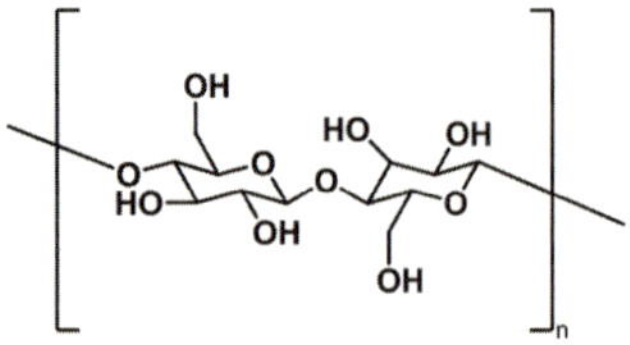

셀룰로스

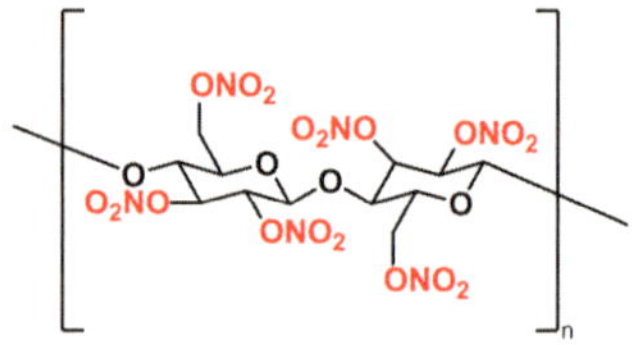

나이트로셀룰로스

에 결합한 물질이 바로 나이트로셀룰로스다. 비슷한 경우를 몇 가지 더 찾아본다면 아세트산 작용기들이 연결된 아세트산 셀룰로스는 섬유, 플라스틱, 담배 필터 등에 사용되며, 탄화수소인 메틸기가 결합한 메틸셀룰로스는 접착제나 점도 조절제로 사용되곤 한다. 하지만 공통으로 근원을 이루는 셀룰로스는 소화될 수 없어 탈을 일으킬 수 있으니, 나이트로셀룰로스의 맛이 궁금하다고 먹어보지는 말자. 그럼에도 도저히 궁금증을 참을 수 없다면, 경험자로서 나이트로셀룰로스는 아무런 맛이 나지 않는다는 사실을 알려주겠다.

나이트로셀룰로스의 발견은 우연한 사고의 연속에서 이루어졌다. 1846년 스위스의 화학자 크리스티안 프리드리히 쇤바인Christian Friedrich Schönbein은 집 부엌에서 화학 실험을 하던 중(당시에는 전문적인 실험실이 없어서 연구와 생활이 일체화된 낭만의 시기였다) 실수로 강산성 물질인 질산과 황산을 엎지른다. 어쩌다가 이 위험한 물질들을 동시에 엎지를 수 있었는지는 비밀로 감춰져 있지만, 우연한 실수는 화학 반응으로 이어졌다. 무언가 엎질렀다면 닦아내는 게 인간으로서 당연한 반응이었을 것이며, 쇤바인 역시 근처에 있던 부인의 면 앞치마를 집어 허겁지겁 닦아낸다. 그러고는 강산성 물질로 젖은 앞치마를 난로 옆에 걸어두어 말리려고 한다. 혹시라도 쇤바인의 어처구니없는 대처를 비난하지는 말자. 그나마 자신이 엎지른 것을 스스로 치우려 행동에 옮긴 것만으로도 마음속으로 칭찬하고자 한다.

그런데 앞치마가 마르며 갑자기 큰 폭발이 일어나더니 먼지 하나 없이 앞치마가 불타 사라지고 만다. 물질이 불에 타면 재와 연기가 발생하는 것이 일반적일 텐데, 의아할 정도로 깔끔하게 타버린 앞치마의 모습에 관심을 가진 쇤바인은 질산과 황산의 반응이 무언가 새로운 물질을 만들어냈다고 추측한다. 그는 천연 셀룰로스로 이루어진 당시의 면 앞치마가 질산화되며 인화성 물질인 나이트로셀룰로스가 만들어졌으며, 그 무엇보다 연기 없이 폭발한다는 특징에 주목하게 된다. 이렇게 면의 화학 반응으로 만들어진 물질이기에 '면화약gun cotton'이라는 별명부터 먼저 갖게 되며, 누구나 예상하듯 쇤바인은 부인에게 결국 크게 혼났다는 후일담도 있다. 덧붙이자면 쇤바인이 부엌에서 실험하는 것을 못마땅하게 생각했던 부인이 실험 금지를 명령했기에 쏟아진 강산성 물질에 당황해 앞치마로 허겁지겁 닦아낸 것이라는 일화도 있다.

빠르게 불붙거나 폭발하는 물질의 적용이 가장 기대되는 분야는 당연히 군수 물품이다. 나이트로셀룰로스는 매우 빠르게 타오르며 연기와 재를 남기지 않는 특별함으로 흑색화약의 단점이던 엄청난 양의 연기 발생으로 인한 아군의 시야 차단, 그리고 재와 찌꺼기로 말미암은 총기 고장을 피할 수 있게 된다. 흑색화약과 무연화약의 차이에 대한 몇 가지 과학적 원리를 풀어보자.

흑색화약의 연소는 질산 칼륨과 황, 탄소의 화학 반응으로 표현할 수 있다. 만약 공기 속 다량의 산소와 충분히 반응하는 연소라면 더 효과적으로 분해할 수 있지만, 우리는 밀폐된 작은 공간에 흑색화약만 채워서 터뜨리려 하니 질산 칼륨에 포함된 산소만으로 모든 작업이 이루어져야 한다. 그래서 질산 칼륨이 무려 75%나 포함된다.

$$10KNO_3 + 3S + 8C \rightarrow 2K_2CO_3 + 3K_2SO_4 + 6CO_2 + 5N_2$$

화학 반응식에 친숙하지 않다면 언제나 복잡해 보일 수 있지만, 어려운 과학이 아닌 낯선 언어로 쓰인 문장이라고 생각하자. 원자는 반응 과정에서 새롭게 생겨나거나 사라지지 않는다. 핵융합이나 핵분열이라는 강력한 작용으로 원자가 더 크게 뭉쳐 새로운 것으로 변하기도 하고 분열해 작은 두 개 조각으로 바뀌기도 하지만, 이런 복잡한 예외적 현상들은 모두 물리학적 작용에 의한 것이니 폭발 같은 아름답고 안전한 과정에서는 전혀 고려할 필요가 없다. 화학 반응식 속 반응 화살표(→)는 수학에서의 등호(=)와 같다. 화살표 왼쪽에 쓰인 원자들의 종류와 개수는 오른쪽과 언제나 같아야 한다.

흑색화약의 세 가지 구성 재료는 처음의 화학 결합을 끊고 새로운 형태로 배열되고 연결되며 생성물product로 불리는 결과물을 만든다. 탄산 칼륨K_2CO_3과 황산 칼륨K_2SO_4은 고체 물질로, 무성하게 피어나 시야를 가리는 백색 연기의 성분이다. 매우 작은 입자 형태의 물질은 가시광선을 산란시켜 하얀색 물질로 보인다. 하늘에 떠 있는 구름이 작은 물방울 입자들로 인해 하얗게 보이는 '미 산란Mie scattering'과 같다. 그 외 함께 발생하는 이산화 탄소와 질소 기체N_2는 급격한 부피 팽창으로 탄환이나 포탄을 밀어내는 역할을 한다. 결국 연기와 잔여물 문제는 기체가 되기 어려운 금속 원소인 칼륨이 포함되어서 나타나는 필연적인 결과로, 제아무리 높은 순도로 제조한다 해도 흑색화약의 연소는 지저분할 수밖에 없다.

이와 달리 나이트로셀룰로스의 기본 형태는 식물이 당糖, sugar 분자를 연결해 만든 섬유질이다. 금속 없이 탄소와 산소, 수소로만 이루어진다. 나이트로셀룰로스의 연소는 간단히 기체만을 발생시키니 더 효율적이다. 금속 원소인 칼륨(원자량 39.098)보다 훨씬 가벼운 탄소(12.011), 산소(15.999), 수소(1.008)로 이루어져서 같은 질량으로 기체를 더 많이 발생시킬 수도 있다.

$$2C_{24}H_{29}O_9(NO_3)_{11} \rightarrow 24CO_2 + 24CO + 12H_2O + 17H_2 + 11N_2$$

조금 더 본질로 다가선다면 흑색화약에도 무연화약에도 질산 작용기가 공통점으로 관찰된다. 질산 작용기가 포함될수록 물질의 폭발성은 커진다. 포함된 산소는 화약의 자체 산소 공급원으로 사용되며, 구조가 깨져 안정한 질소 기체를 이루며 에너지가 방출된다. 앞으로 살펴볼 많은 폭발물은 대부분 질산 작용기가 포함되었을 것이며, 다른 용도로 사용하는 물질이라도 질산의 포함 여부를 확인해 혹시 모를 폭발 위험성을 미리 짐작할 수 있겠다.

플라스틱과 코끼리와 영화 예술

쇤바인의 나이트로셀룰로스 발견은 흑색화약의 대안이자 군사용 폭약으로 곧장 이어질 듯싶었지만 현실은 달랐다. 매우 불안정해 예측할 수 없는 폭발 위험성이 있는 상태였기에 상업적 및 군사적 용도로 그대로 활용하기는 무리였다. 이후 이 새로운 물질을 녹일 수 있는 최적의 용매가 발견되며 가능성은 급격히 팽창한다.

같은 물질도 고체와 액체, 기체 중 어떤 상태인가에 따라 특성이 달라진다. 특히 단단히 결합해 형태가 고정된 고체는 유독 다루기 불편하다. 벽에 그림을 그릴 때 곱게 갈린 고체 가루만으로는 표면을 빼곡하게 칠하기 어렵다. 벽에 굴곡이라도 있다면 정교하게 색칠하기는 사실상 불가능에 가깝다. 하지만 색소 가루가 고르게 퍼질 수 있는 용매를 사용해 칠한 후 건조한다면 완성도는 높아진다. 나이트로셀룰로스의 불규칙한 성질 역시 녹여 분산시킬 수 있는 용매만 발견된다면 새로운 단계로 나아가는 셈이다.

첫 발견 다음 해인 1847년, 나이트로셀룰로스를 용액에 녹인 콜로디온collodion이라는 물질이 개발된다.[1] 술의 영혼인 에탄올ethanol과 과거에는 전신 마취제로 사용되었고 이제는 셀룰로스 물질을 녹이는 산업 용매로 쓰이는 다이에틸 에터diethyl ether

를 1:3으로 혼합한 용매가 효과적이었다. 알코올과 에터 모두 휘발성 물질이어서 공기 중에 노출되면 빠르게 증발해 날아간다. 남겨진 나이트로셀룰로스는 투명하고 유연하며 질긴 막을 형성하는데, 나이트로셀룰로스가 물에는 전혀 녹지 않으니 방수성을 갖는다. 과거에는 부상에서 시작되는 감염과 패혈증이 생명을 위협하는 주된 원인이었으니, 상처에 콜로디온을 바른 후 말려서 오염을 막고 지혈을 돕는 용도로 사용하기 시작한다. 우리의 기대와 달리 나이트로셀룰로스는 파괴적인 활용보다 생명을 살리는 데 먼저 이바지했다.

나이트로셀룰로스가 필름을 만드는 흥미로운 능력은 의료에서 시작해 문화예술 분야의 거대한 변화로 이어지는 특이점이 된다. 놀라운 발견은 사진 분야에서 싹튼다. 은 화합물이 빛에 노출되면 검게 색이 변한다는 사실이 드러난 후 은도금 구리판을 이용하는 다게레오타이프daguerreotype나 갈산gallic acid이라는 화학물질을 추가해 현대 사진의 기본 원리가 된 캘러타이프calotype 방식이 등장했다.[2] 하지만 사진이 선명하지 못했고, 높은 비용과 무거운 감광판이 필요하다는 약점이 있었다. 그리고 1851년 영국의 화학자 프레더릭 스콧 아처Frederick Scott Archer는 유리판에 콜로디온 용액을 칠하고 감광제를 바르는 방식으로 가볍고 편리한 사진 기술을 개발했다. 이 사진술의 이름인 습식 콜로디온 공정에서 나이트로셀룰로스의 핵심 역할을 느낄 수 있다.

정지된 순간을 한 장에 기록하는 사진은 시간이 흐른 후 우연히 마주했을 때 예전의 기분, 날씨, 냄새, 감정이 뒤섞인 기억을 떠오르게 한다. 여전히 자신만의 기록을 남기려 카메라를 들고 여가를 보내는 사람이 많다는 점에서 알 수 있듯, 사진 촬영은 인간이 할 수 있는 아주 매력적인 작업 중 하나다. 순간이 모여 시간이 되듯 조금 더 강렬하고 직접적인 고정된 사진들을 연속해서 넘김으로써 움직임을 부여한 것이 영상이다. 어릴 적 지겨운 수업 시간에 선생님 몰래 여러 장의 종이에 조금씩 변화하는 그림을 열심히 그린 다음 '촤라락' 소리가 나도록 빠르게 넘겨 영상을 재생하는 듯한 효과를 내는 장난을 해본 경험이 있을 것이다. 이런 시도가 동영상과 영화의 시초라고 이야기되곤 하는데, 틀린 말은 아니다. 인간의 눈이 분간할 수 없을 짧은 시간마다 바뀌는 그림은 영상이 되며, 얼마나 촘촘하게 변화하느냐에 따라 동작의 부드러움이 결정되기 때문이다. 결국 사진을 얼마나 빠르게 연속적으로 촬영하느냐가 영화 기술의 관건이 된다.

사진이 보급되기 전부터 동영상, 즉 움직이는 이미지를 구현하려는 시도는 있었다. 17세기에는 유리 슬라이드에 그려진 그림을 확대해 벽이나 스크린에 투영하는 방식이었다. 빠르게 여러 장의 슬라이드를 교체하거나 움직임을 조정해 단순한 움직임을 그려내는 매직 랜턴magic lantern에서 시작해 이후 원반과 원통의 회전으로 말이 달려가는 단순한 애니메이션을 만드는 페나키스토스코프phenakistoscope와 프락시노스코프praxinoscope로 이어진다. 롤 필름 개발 직전에는 설마 싶던 노동 집약적 방식으로 영화를 시도한다. 유리판에 콜로디온을 바른 감광판 여러 개로 연속 촬영해 사진을 하나하나 만든 후 빠르게 재생해 움직임을 묘사하는 것이다. 무겁고 비싸며 깨지기 쉬운 유리판을 수백, 수천 개씩 준비하기는 어려우니 영화를 보급하려면 새로운 촬영 기술이 시급했다.

1880년대 후반 조지 이스트먼George Eastman은 콜로디온 사진 기법에서 착안해 나이트로셀룰로스를 기반으로 유연한 롤 형태의 필름을 개발함으로써 영화 산업의 탄생에 결정적인 역할을 한다. 대량 생산이 가능하고 가벼우며, 롤 형태로 이어진 연속 촬영으로 움직이는 영상에 적합했다. 나이트로셀룰로스 필름이 가볍다는 장점이 주목받았던 것은 수많은 유리판을 얇고 긴 필름 하나로 대체할 수 있었기 때문이다. 이스트만은 여세를 몰아 회사를 세우는데, 흔히 코닥이라 줄여 부르기도 하는 이스트먼 코닥 컴퍼니Eastman Kodak Company다.

이후 영화 산업은 나이트로셀룰로스 덕분에 급격히 성장하지만, 인화성이 높은 물질이었던 만큼 항상 화재 위험이 뒤따랐다. 영화 필름 보관소는 화재 사고가 자주 일어나는 곳이었고, 촬영된 필름들이 소실되거나 인명 사고가 잇따르기도 했다. 영화 〈바스터즈: 거친 녀석들〉에서 극장을 불태우는 장면이나, 고전 명작 〈시네마 천국Nuovo Cinema Paradiso〉에서 상영 중인 영사기에서 필름에 불이 붙어 타오르며 중요한 전환점이 되는 장면이 유명하다. 자연스레 가연성이 덜한 필름 소재를 개발하고자 했고, 이후에는 질산 작용기를 제거해 안전성이 개선되어 '안전 필름safety film'이라 불린 아세트산셀룰로스가 1920년대에 개발되어 영화 필름 소재는 점차 바뀌기 시작했다.

여기서 의문이 들 수 있다. 흑색화약을 발명한 시점과 애니메이션 〈뮬란〉 속 장면의 모순이 있었듯, 1920년대 이후 가연성이 개선된 필름 소재가 사용되었다면 1940년 초중반이 배경인 〈바스터즈: 거친 녀석들〉의 시점이나 〈시네마 천국〉의 1950년대 영화관에서는 화재가 날 이유가 없던 것이 아닐까? 결론부터 이야기하자면 시대적 오류는 없다.

아세트산셀룰로스는 1920년대부터 가정용, 교육용, 상업용을 가리지 않고 안전 요소가 중요한 곳에 보급되기 시작한다. 하지만 몇 가지 사소하지 않은 문제가 있었으니, 당연히 초기 생산 단가가 매우 비쌌다는 것이 첫 번째고, 나이트로셀룰로스 필름보다 내구성이 떨어져 반복 재생 횟수에 한계가 있었다는 점이 두 번째였다. 더 심각한 문제점은 '식초 증후군vinegar syndrome'이었다. 이는 시간이 지나며 분해된 필름에서 아세트산이 떨어져 나와 식초 냄새가 풍기는 현상이다. 결국 필름이 쪼그라들거나 뒤틀려 오래 보관할 수 없는 문제가 생긴다. 이러한 문제로 1950년대 중반에 이를 때까지 뒤따르는 화재 사고를 피할 수 없었던 나이트로셀룰로스 필름이 시장을 지배했다.

최초의 필름 영화는 무엇이었을까? 이스트먼의 인화물 필름으로 촬영된 세계 최초의 영화가 무엇인지는 알 수 없지만, 필름을 이용해 촬영이 가능하도록 완전한 기능을 갖춘 영화 카메라로 촬영된 후 대중에게 공개된 첫 번째 영화는 1893년 5월 9일 상영되었다. 〈대장장이 장면Blacksmith Scene〉이라는 직관적인 제목의 이 영화는 여러 타이틀을 보유했다. 배우가 영화에서 역할을 시작한 최초의 사례로 영화배우라는 직업이 탄생한 순간이었으며, 저작권이 등록된 최초의 미국 영화였다. 그리고 상영을 위해 사용된 장비는 그 유명한 토머스 에디슨Thomas Edison의 키네토스코프kinetoscope였고, 자연스레 배급 역시 에디슨 제조회사를 통해 이루어졌다.

영화 필름은 완전히 사라진 역사 속의 유물이 아니다. 디지털 촬영 시대인 지금도 여전히 필름 촬영을 고집하는 인물들이 있으니, 그 유명한 크리스토퍼 놀런Christopher Nolan과 마틴 스코세이지Martin Scorsese 등이다. 특히 그래픽 요소가 뛰어난 놀런 감독의 영화에는 일반적인 35mm 필름이 아닌 IMAX 70mm 필름이 사용된다. 작은 그림을 확대하면 화질이 깨지지만, 크게 그린 그림을 축소하면 더 섬세하고 해상도가 높게 유지되는 것과 같다. 우리가 봐왔던 〈덩케르크Dunkirk〉, 〈다크 나이트The Dark Knight〉, 〈인터스텔라Interstellar〉, 심지어 〈오펜하이머Oppenheimer〉까지 모두 필름으로 촬영한 영화다. 혹시라도 이러한 명작 영화들의 원본 필름이 화재로 타버리면 어쩌나 걱정되지만, 이제는 안전 필름 기술도 발전해서 나이트로셀룰로스가 아닌 새로운 재료로 만들어진다. 그중 셀룰로스보다 강하고 안정한 폴리에스터polyester가 대표적이며, 우리는 폴리에스터 같은 재료를 플라스틱plastic이라 부른다.

인간은 도구를 사용하는 존재이며, 도구는 재료에 따라 성능과 특성이 달라진다. 인류는 가장 긴 시간 동안 돌의 사용만으로도 생태계의 상위를 차지했으며, 이후 구리와 주석, 금과 납을 다루며 본격적인 금속 문명의 시대를 펼쳤다. 청동과 철강을 기본으로 수많은 금속 재료를 다루게 되며 빠르게 발전을 이뤄 이제는 우주와 심해에까지 발을 들여놓고 있다. 이러한 첨단 사회를 가능케 한 물질은 두 가지로 요약되는데, 바로 반도체와 플라스틱이다.

플라스틱은 생활 속 어디서나 사용되기에 중요성이 간과되곤 한다. 하지만 유리와 플라스틱을 제외하고 무색투명하며 대량 생산이 가능한 물질은 찾아볼 수 없고, 무게와 내구성을 함께 고려한다면 플라스틱은 유리보다 압도적으로 뛰어나다. 산성 및 염기성 용액도 쉽게 견뎌내 화학물질을 담아두는 데도 플라스틱이 애용된다. 당장 플라스틱이 사라진다면 휴대전화는 지금보다 몇 배는 더 무겁고, 떨어뜨리면 바로 산산조각나는 일회용품 수준으로 전락할 것이다. 하지만 최근 대두되는 미세플라스틱 문제는 플라스틱의 양면성을 보여주곤 하는데, 너무나 튼튼한 물질이어서 사라지지 않는다는 점이 오히려 유해성을 일으키는 셈이다. 가끔 화학자들에게 환경 오염을 일으키는 플라스틱을 왜 만들어 세상을 복잡하게 하느냐 불평하는 사람을 만난다. 그런데 맨 처음 플라스틱을 만든 이유는 세상과 생태계를 구원하기 위해서였다.

신기술의 등장은 언제나 누군가의 필요나 결핍이 원동력이 된다. 19세기 중반 유럽과 미국의 상류사회에서 큰 인기를 끌었던 스포츠는 당구였다. 단단하지만 매끄럽고 탄력 있는 당구공을 만드는 데는 코끼리 상아가 이상적인 재료였다. 당구의 인기가 점차 높아지며 당구공의 수요가 급증하는데, 이는 코끼리 밀렵의 성행으로 이어져 개체 수 감소라는 심각한 생태계 문제가 터져 나왔다. 코끼리 사냥이 늘어나도 상아 공급은 여전히 불안정했고, 상아 가격이 치솟아 또다시 한탕을 노리는 사냥꾼들의 유입이 반복되는 악순환이자 생태계의 종말이었다.

이러한 상황을 개선하고자 했던 미국의 유명한 당구 선수이자 당구대 제작사 운영자인 마이클 펠런Michael Phelan은 1863년 상아를 대체할 수 있는 새로운 당구공 재료 발명에 1만 달러라는 파격적인 상금을 내건다. 당시 노동자 연봉이 수백 달러 수준이었고, 집 한 채 값도 수천 달러에 불과했다. 상금 1만 달러를 지금의 가치로 환산하면 우리 돈으로 약 5억 원이 넘는 큰 규모의 공모전이었다.

공모전에 도전했던 수많은 인물 중 인쇄업자이자 발명가였던 존 웨슬리 하이엇John Wesley Hyatt이 흥미로운 물질을 만들어낸다. 그는 인쇄에 적용하기 위해 콜로디온을 다뤄왔으며 누구보다 나이트로셀룰로스에 친숙했다. 하이엇은 나이트로셀룰로스와 장뇌樟腦, camphor를 혼합하면 매우 단단하면서도 유연한 고체가 된다는 사실을 발견한다.[3] 이 새로운 물질을 셀룰로이드celluloid라 부르며 당구공을 만드는 데 직접 적용하기도 했다. 이것이 세계 최초의 열가소성 플라스틱이 탄생하는 순간이다.

나이트로셀룰로스는 매니큐어나 래커 등에 여전히 사용되고 있으며, 영화 및 연극에서 얇고 투명한 유연성 필름으로 흉터나 주름을 만드는 특수분장의 콜로디온 흉터액scarring collodion 주성분으로 사용된다. 또한 마술쇼에서 순식간에 불타 사라지는 플래시 페이퍼도 셀룰로스로 이루어져 있으니 같은 화학반응으로 제조된다.

이제껏 나이트로셀룰로스가 삶과 예술 분야에서 활약한 긍정적인 모습을 잔뜩 살펴보았으니, 이제 본론으로 돌아가자. 무연화약과 전쟁의 시간이다.

나의 창조물은 나의 파괴자였다

최초의 공상 과학science fiction, SF 소설로 여겨지는 메리 셸리Mary Shelley의 《프랑켄슈타인Frankenstein》 전체를 요약하는 문장이라면 "나의 창조물은 나의 파괴자였다."를 꼽을 수 있다.[4] 인간이 만들어낸 무기는 자연과 야생을 상대하는 것을 지나 같은 인간끼리 겨누고 다투게 부추겼다. 하지만 인간 역시 자연의 일부여서 만인에 대한 투쟁에서 벗어날 수 없다는 점을 생각하면 효율적인 대항은 오히려 현명한 선택이겠다.

많은 기대와 함께 등장했던 나이트로셀룰로스가 본격적인 무연화약으로 사용된 것은 쇤바인의 발명으로부터 약 40년 지난 1884년, 프랑스의 폴 비에유Paul Vieille가 안정성을 높이는 데 성공하면서부터다. 비에유의 무연화약은 쇤바인의 것과 도대체 무엇이 달랐던 것일까? "악마는 디테일에 있다."라는 표현이야말로 여기 정확히 들어맞는다.[5]

폴 비에유의 무연화약은 '푸드르 베Poudre B'라는 이름으로 불렸는데, 'B'는 하얀색을 뜻하는 프랑스어 '블랑슈Blanche'의 약자로, 하얀 가루 혹은 하얀 화약이라는 뜻이다. 앞선 시대를 이끌던 흑색화약과 정확히 반대되는 위치다. 이름에 하얗다는 뜻을 넣은 것도 나이트로셀룰로스 자체가 밝은 색상이며, 연소 후에 재나 그을음이 남지 않는 깨끗한 모습이어서라고 알려졌다. 그러나 많은 군용 무기 개발 과정이 극비에 부쳐져 코드가 사용된다는 점을 생각하면, A나 C 같은 다른 유형들도 연구되었지만 가장 성공적인 B가 유명해져서일 가능성도 무시할 수는 없다.

비에유의 무연화약은 기본적으로 쇤바인의 나이트로셀룰로스와 같은 방식을 따르지만, 질소 함량을 탈질화脫窒化, denitrification해서 정밀하게 조절하고 첨가제를 추가하는 식으로 만들어졌다. 이후 파라핀이 총량의 2%만큼 추가되어 연소를 도왔다고 알려졌다. 이들을 혼합해 건조하면 부분에 따라 조성이 뒤죽박죽되기 때문에 이런 방식 대신 에탄올과 에터 혼합 용액에 녹여 젤라틴화해 납작하게 눌러 편 후 잘라 사용한다.

혹시 탄환을 잘라 내부를 확인해본 사람이 있는가? 우리나라에는 없는 것이 정상이다. 필자도 탄환을 구해 잘라본 적 없으니, 이상한 눈초리로 바라보며 피하지는 말았으면 한다. 현재 사용하는 탄환은 화약이 밀도 있게 채워졌지만, 초기 탄환은 다양한 형태의 화약 알갱이들이 사용됐다.

화약에 관심 있는 사람이라면 코다이트cordite라는 추진제를 떠올릴 수 있다. 근대를 풍미한 이 추진제는 파스타 면 혹은 얇고 긴 끈cord처럼 생겼다. 압축된 무연화약을 원기둥 모양의 알갱이로 잘라 가득 채운 모습인데, 균일한 연소 속도를 얻을 수 있는 형태가 짧은 원기둥이었기 때문이다. 비에유의 무연화약이 코다이트로 오해될 수 있으나, 여기에는 아주 큰 차이가 있다. 무연화약은 혼합된 폭발물의 가짓수에 따라 크게 세 가지로 나뉜다. 단일 물질로 이루어진 가장 간단한 싱글 베이스, 두 가지 물질을 사용한 더블 베이스, 가장 현대적인 조합으로 발사 순간의 화염까지 줄이기 위한 세 가지 조성의 트리플 베이스다. 푸드르 베는 나이트로셀룰로스만으로 이루어진 싱글 베이스 추진제이며, 얇은 시트를 잘라 만들었기에 곱게 잘린 쥐포 모양과 매우 흡사하다. 이와 달리 코다이트는 나이트로셀룰로스와 더불어 다이너마이트의 영혼으로 볼 수 있을 나이트로글리세린nitroglycerin이 조합된 더블 베이스 추진제로, 조리하기 전의 파스타를 연상시킨다.

푸드르 베는 1884년에, 코다이트는 1889년에 개발되어 두 가지 추진제 사이에는 단 5년의 간격이 존재한다. 시대적으로 구분한다면 나이트로글리세린은 이보다 훨씬 앞선, 심지어 쇤바인이 나이트로셀룰로스를 발견한 다음 해인 1847년 등장했다. 그러나 강력한 데다 위험하고 다루기 어려워 우리가 알고 있는 알프레드 노벨Alfred Nobel의 일화처럼 많은 희생자를 낳았고, 오랜 시간이 흐른 1866년에서야 규조토와 섞인 안정한 형태의 다이너마이트로 만들어진다. 그만큼 단순한 폭탄이 아닌 탄환으로 만들기 어려운 작업이었으며, 무연화약의 성공적인 도입 이후 파멸적으로 급격한 화약 기술 발전이 이루어진 질풍노도의 시기이기도 했다.

무연화약은 화학 반응식에서 보였듯 흑색화약보다 더 많은 양의 기체를 연기 없이 안전하게 발생시켜 총화기의 성능을 획기적으로 높이면서 군사 기술과 전략의 혁명을 촉발시켰다. 적은 양으로도 강력한 추진력을 만들 수 있게 되면서 탄약의 크기와 무게를 줄여 병사들이 많은 양의 탄환을 지참할 수 있게 했으며, 탄약 설계의 자유도를 높였다. 고체 가루가 타들어가는 흑색화약보다 안정적으로 연소하니 더 빠르고 정확한 사격이 가능해진다. 여기서 등장하는 것이 겨울전쟁 당시 542명을 사살하는 활약을 보여 인류 역사상 최고의 저격수라 불리는 시모 해위해Simo Häyhä의 활약 같은 장거리 저격의 등장이다(흑색화약 시대에는 한 발만 쏴도 대량의 연기로 위치가 특정되니 저격보다는 사격이라 불리는 것이 적합했을 것이다).

또한 화력의 증가는 보병이 개방된 지형에서 정면 돌격을 감행하는 것을 억제했다. 공성전에서 야전으로 바뀌었던 전쟁의 양상은 다시 공성전으로 되돌아간다. 차이가 있다면 낮아진 요새 성벽이 다시 높아지는 대신, 더욱 낮아져 지표 아래로 내려가기까지 한다. 바로 참호전의 시작이다. 사격으로부터 몸을 보호하려고 깊은 참호를 파고 전투를 벌였으며, 찌꺼기가 발생하지 않는 무연화약 덕에 연사가 가능한 기관총 같은 자동화 무기가 개발되며 참호선은 더욱 견고해진다. 제1차 세계대전에서 본격화된 참호전은 무연화약이 가져온 극단적인 화력 증강의 결과물이었다.

웅크리고 서로를 향해 수없이 많은 총알을 쏘아대는 전쟁을 넘어 전차 주포의 강화로 기동전과 전격전의 토대를 만드는 데도 무연화약이 이바지한다.[6] 연사 속도와 정확도가 개선된 총화기는 전차와 항공기 등 기동 병기와 결합해 입체적이고 유기적인 전술을 펼치게 된다. RTS 게임인 스타크래프트에서 보병 엄호를 바탕으로 방어선을 기갑 병력으로 돌파하는 바카닉(바이오닉+메카닉)의 시너지가 여기 있다.

흑색화약과 무연화약의 차이를 느껴볼 수 있는 역사 속 일화가 있으니 바로 1898년의 스페인-미국 전쟁이다. 쿠바가 스페인으로부터 독립하는 문제를 둘러싸고 미국과 스페인 사이에 벌어졌던 이 전쟁에서는 화약과 총기의 차이가 두드러졌다. 당시는 흑색화약에서 무연화약으로 바뀌던 시기로, 정규군과 비정규군 혹은 총기 종류에 따라 화약이 복합적으로 사용되었다. 스페인군은 스페인 마우저Spanish Mauser M1893을 주력으로 7×57mm 무연화약 마우저 탄약을 사용했지만, 미국은 무연화약이 사용되는 스프링필드Springfield M1896 크라그예르겐센Krag-Jørgensen 5연발 볼트액션 소총과 여전히 흑색화약이 쓰이는 스프링필드 M1873 트랩도어Trapdoor 소총을 함께 사용했다. 전쟁은 끝내 미국의 승리로 끝났지만, 엘 카네이El Caney 전투를 비롯해 화약의 차이가 극명하게 드러나는 순간들이 있었다. 단 600여 명의 스페인 병력이 무려 6,899명으로 구성된 미군 제5사단에 맞서 탄약이 떨어질 때까지 12시간을 버텨내는 기염을 토하는데, 흑색화약을 사용하던 미군에 비해 무연화약

소총과 산악 곡사포로 무장한 스페인군은 수적 열세가 무색한 위용을 뽐낸다. 전투에 참여했던 미군 병사들의 증언으로 다음과 같은 기록들이 있을 정도였다.

> "흑색화약 총을 쏜 곳에는 소 한 마리만 한 연기가 났고, 그 자리로 적의 조준사격이 날아왔다."
> "스페인 진지의 위치는 섬광 외에는 추측할 수 없었고, 연기를 보고 겨냥하는 기존 전술이 통하지 않았다."

이후 모든 장비를 신식으로 바꾸며 흑색화약의 시대는 막을 내리고 무연화약이 본격적으로 지배한다. 더욱 강력한 폭발을 일으킬 수 있는 고폭약의 등장 전까지 말이다. 다음 카운트다운과 함께 본격적인 폭탄의 세계로 들어가자.

멸망을 대비하는 생활 화학 제조법

1단계 나이트로셀룰로스

셀룰로스는 섬유질로 면cotton을 만들 때 사용한다. 면의 주재료인 목화는 순수한 셀룰로스가 아닌 지질 등 다양한 물질이 섞였으니 처리가 완료된 탈지면이 고품질의 나이트로셀룰로스 합성에 유리하다. 면 100%라고 표기된 옷이나 속옷도 문제가 없으며, 의료용 탈지면을 사용하면 금상첨화다. 되도록 잘게 찢어야 화학 반응에 참여하는 표면적이 넓어지므로 시간 여유가 있다면 미리 면을 손질하자.

나이트로셀룰로스는 셀룰로스의 질산화 반응으로 완료되어 구하기 어려운 물질이 포함되지는 않는다. 쇤바인의 우연한 사고와 마찬가지로 질산과 황산으로 충분하며, 시약 등급의 고순도 진한 질산과 진한 황산이 없다면 만들어 사용하는 방식을 선택할 수도 있다.

2단계 황산 제조

강산성 물질은 황산, 질산, 염산, 과염소산$HClO_4$ 등 종류가 다양하다. 강산성 물질의 발견과 분리가 화학의 발전에 중요한 역할을 했던 만큼 기초적인 방식으로 준비할 수 있으며, 몇몇 화학물질을 구할 가능성이 있는 종말 이후의 시대에는 의외로 간단한 작업이다. 여러 물질 중 황산을 먼저 제조하기를 추천한다. 황산을 이용해 염산과 질산 등을 얼마든지 만들 수 있다.

황산은 이름에서 느껴지듯 황^{S}의 산화물이 물에 녹은 형태다. 황은 흑색화약 제조에서 알아봤듯 마트 조경용품 매대의 비료나 토양 영양제에서 충분히 얻을 수 있었다. 황은 흥미롭게도 고체일 때는 노란색을 보이지만, 가열해서 액체가 되면 붉은색을 보인다. 무엇보다 황은 불에 타는 인화성 물질인데, 보편적인 탄소 연료의 연소로 생기는 탄화수소 라디칼^{radical}이 보이는 샛노란 불꽃이 아닌 푸른색 불꽃을 만든다. 황은 연소하면서 산소와 결합해 이산화황^{SO_2}을 만든다.

$$S + O_2 \rightarrow SO_2$$

이산화 황은 공기보다 무거운 물질이니 유리병 윗부분에서 황을 연소시키면 자연스레 가라앉아 병 내부에 모이게 된다. 이를 고무호스로 연결한 옆쪽 병으로 옮겨서 용액에 녹아들도록 구성하면 효과적이다. 이처럼 이산화 황을 물에 녹이면 황산 제조가 완료될 듯싶지만, 화학식을 써두고 곰곰이 생각해보면 무언가 부족하다는 점을 눈치챌 수 있다.

$$SO_2 + H_2O \rightarrow ?$$

다시 말하지만 화학 반응식은 수학의 방정식, 그것도 매우 기초적인 사칙연산과 다르지 않다. 두 개의 수소와 하나의 황과 세 개의 산소가 하나로 합쳐진다면 황산^{H_2SO_4}보다 산소가 하나 부족한 아황산^{H_2SO_3}이 만들어진다. 이번에도 방법을 찾을 수 있으니 의약품 매대를 털러 출발하자. 소독용으로 흔히 쓰는 과산화 수소^{H_2O_2}(물^{H_2O}보다 산소^{O}가 하나 더 많다)에 이산화 황을 녹이면 황산이 얻어진다. 지금은 묽은 상태지만 걱정하지 않아도 좋다. 유리 용기에 넣고 가열하면 휘발성이 없는 황산 분자들은 남은 채 물만 조금씩 증발해 진한 황산이 된다. 진한 황산의 농도는 98%인데, 그 이상은 두 구성 물질의 끓는점이 같아지는 현상으로 단순한 가열로는 농축되지 않으니 충분히 물을 증발시켰다면 마음 편히 사용하자.

3단계 진한 질산 제조

질산^{HNO_3} 제조 역시 단순히 생각한다면 이산화 질소^{NO_2}를 물^{H_2O}에 녹이면 완료될 것이다. 관건은 질소는 공기 중 78%나 차지하는 풍부한 분자지만, 황과는 달리 너무나도 안정해 단순히 불을 가져다 댄다고 연소하는 일은 절대 일어나지 않는다는 점이다. 가장 간단한 방식은 앞서 준비한 황산을 이용해 질소 화합물과 반응시키는 것이다. 질소 화합물도 흑색화약을 만들기 위해 (초석 농장을 건설했든, 다른 방식을 선택했든) 확보한 질산 칼륨을 사용하면 완벽하다.

$$KNO_3 + H_2SO_4 \rightarrow KHSO_4 + HNO_3$$

물질이 혼합되어 분리가 걱정되겠지만, 질산은 끓는점이 약 83℃에 불과해서 기체 형태로 발생하니 냉각을 통해 따로 모아주면 간단하다. 다만 질산 기체는 부식성이 있으니 안전에 주의하자. 어차피 앞선 과정들을 직접 해야 하는 상황이라면 안전은 부차적이겠지만, 적어도 고통스러운 상황은 피하는 편이 언제나 좋다.

4단계 나이트로셀룰로스 제조 반응

준비가 끝났다. 나이트로셀룰로스 반응에서는 다량의 열이 발생하기에 차가운 물이나 얼음에 유리 용기를 담가 혹시 모를 사고를 방지하자. 진한 질산과 진한 황산은 3:7의 부피 비율로 섞으면 적당하다. 잘게 찢은 면을 산 혼합물에 담그고 30분에서 2시간 정도 놔두면 끝난다. 새하얀 면은 질산 작용기가 추가되며 점차 노랗게 변한다.

몇 차례 깨끗한 물로 헹궈준 후 완전히 중화하기 위해 탄산수소 나트륨 $NaHCO_3$ 포화 용액에 담그면 거품이 발생하며 남은 산이 모두 제거될 것이다. 탄산수소 나트륨은 베이킹소다와 같은 물질이어서 구하기가 그리 어렵지 않을 것이다. 만약 탄산수소 나트륨을 직접 만들어보려 생각했다면 지금 숙련도로는 권장하지 않는다. 탄산수소 나트륨은 소금 $NaCl$ 과 석회암인 탄산 칼슘 $CaCO_3$, 암모니아를 주원료로 솔베이 공정Solvay process을 거쳐 만들어지는데, 과정이 다소 번거롭다. 미리 만들어둔 흑색화약을 지참하고 주위 사람들에게 탄산수소 나트륨을 제공하지 않으면 점화하겠다며 정중히 요청하는 편이 빠르다.

만약 나이트로셀룰로스를 만들어 폭발시켰으나 무연화약에 대한 기대와 달리 약간의 흰 연기와 검은 잔여물이 나타난다면 질산화가 충분히 이루어지지 않았기 때문이다. 온전히 남아 있던 나머지 셀룰로스의 연소로 인해 재와 연기, 달콤한 설탕 탄내가 느껴질 것이다. 합성 반응 시간과 질산의 양을 조금 더 늘리면 해결된다.

6초 전

폭발의 시대,
다이너마이트와 TNT

Cause I'm T.N.T., I'm Dynamite!

(T.N.T.) and I'll win the fight

(T.N.T.) I'm a power load

(T.N.T.) watch me explode

—AC/DC의 〈T.N.T.〉 중

듣기만 해도 가슴이 설레는 단어. 다이너마이트와 TNT다. 갑갑하게 막힌 것을 시원한 폭발과 함께 뚫어내거나, 도무지 무너뜨릴 수 없을 것처럼 그려지는 괴수와 대항하는 인류 최고 효율의 화학 무기로 상상되고, 또 여러 곳에 등장한다. 특히 게임 속에서도 단골로 사용되는 도구인데, 조금만 찾아봐도 의외로 그리 복잡하지 않은 화학 구조 덕분에 나도 혹시 만들 수 있을까 하는 생각이 들기도 한다. 물론 대부분은 재료를 얻어도 혹시나 제조 도중 폭발해 사고당할까 봐 걱정되어 두근거리는 마음으로 계획을 고이 접어 머릿속 깊은 곳에 보관하겠지만 말이다. 실제로 이 물질들이 활용되기까지 여러 희생이 뒤따랐으며, 그 결과 채굴과 건축을 비롯한 산업 발달과 문명의 진보라는 달콤한 열매가 함께했다. 누구나 어느 정도는 알고 있다 싶은 다이너마이트와 TNT에는 폭발만큼이나 짜릿한 이야기들이 숨어 있지 않을까?

나이트로글리세린과 다이너마이트

나이트로글리세린이라는 복잡한 화학물질 이름은 낯설더라도 이로부터 만들어지는 다이너마이트는 친숙하다. 이어달리기 바통처럼 길쭉한 원기둥 모양의 다이너마이트에 불을 붙여 던지면 무엇이든 해결해줄 것만 같다. 마치 악마를 찢어발기는 둠가이Doomguy의 더블배럴 샷건처럼. 이 위대한 폭탄의 발명가는 누구나 아는 바로 그 사람이다. '죽음의 상인merchant of death'이라는 별명이 붙은 사람이자 노벨상과 재단의 설립자로 매년 벌어지는 축제를 시작한 알프레드 노벨이다.

"콩 심은 데 콩 난다."라는 말이 있다. 누군가의 뛰어남이나 부족함을 원죄론적으로 이야기하는 데 사용되기도 하지만, 의미 자체로는 그다지 틀린 말은 아니다. 주어진 환경이나 조건은 앞으로의 성장에 생각보다 거대한 영향을 미치기 때문이다. 노벨의 경우가 그러했다. 존경해 마지않은 폭발물 제작자인 노벨의 이야기는 그의 아버지 임마누엘 노벨Immanuel Nobel로부터 시작된다. 사업가였지만 사업 수완이 뛰어나지는 못했으며 발명에 더 큰 재능이 있었다고도 평가받는 임마누엘 노벨은 번번이 실패를 반복하다가 활로를 찾기 위해 터전인 스톡홀름을 떠나 상트페테르부르크로 이주한다. 그리고 천부적인 재능을 발견하는데, 바로 폭탄 발명과 제조였다. 러시아 해군과 함께 기뢰라고도 불리는 수중 폭발물인 수뢰水雷, naval mine를 개발해 이후 발발한 크림 전쟁의 헬싱키 방어전에서 활약하며 큰 성공을 거둔다.[1]

군수 사업은 전쟁의 시작과 함께 폭발적으로 성장하지만 전쟁이 막을 내리면 급격히 위축되기 마련이다. 군비 축소로 사업은 쇠락의 길을 걷기 시작하고 임마누엘은 아들들에게 사업을 맡긴 채 스웨덴으로 돌아간다. 이 시기에 알프레드 노벨은 본격적으로 화학 공부를 시작하는데, 그 과정에서 만나게 되는 운명적인 물질이 바로 나이트로글리세린이었다.

나이트로글리세린은 이름에서 예상되듯 질산 작용기가 결합한 글리세린glycerin이다. 보습이나 윤활 효과를 가져 화장품, 의약품, 식품 등 다양한 분야에 사용되는 친숙한 물질인 글리

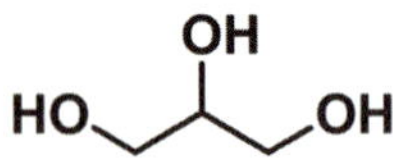

글리세린

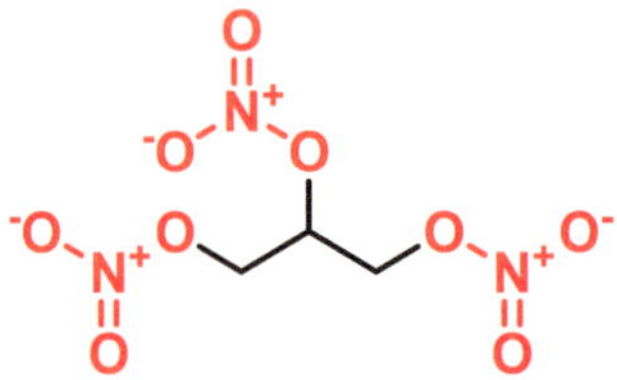

나이트로글리세린

세린이 질산과 황산을 만나 반응하면 아주 위험한 폭발성 물질로 바뀐다. 1847년 이탈리아의 화학자 아스카니오 소브레로Ascanio Sobrero가 발명한 나이트로글리세린은 폭발력이 엄청났지만, 심각할 정도로 불안정해 사용할 수 없을 정도였다.

같은 나이트로 물질인데도 나이트로셀룰로스와 나이트로글리세린은 겉보기로도 완전히 다르다. 면화약인 나이트로셀룰로스는 섬유질로 이루어진 고체 형태의 물질이지만, 나이트로글리세린은 점성 있는 액체 형태로 다뤄지던 글리세린의 형태를 따라 상온에서 기름 같은 액체 상태로 존재한다. 발화하려면 적어도 180℃ 정도의 온도가 필요한 나이트로셀룰로스와 달리, 나이트로글리세린은 단 40℃에서부터 열분해가 시작되어 안정성이 낮으며, 진동과 충격, 마찰, 온도의 변화에 매우 민감해 운송하는 도중 폭발하는 일이 흔했다. 불안정해서 위험성이 높다면 폭발력이라도 약해야 다행일 텐데, 나이트로글리세린은 단순한 추진제가 아닌 고폭약이었다. 이 물질을 처음 발견했던 소브레로는 불타는 글리세린이라는 의미의 파이로글리세린pyroglycerin이라 불렀으며, 당연히 예기치 못한 거대한 폭발을 마주했을 것이다. 그래서 소브레로는 나이트로글리세린을 폭발물로 사용하려는 시도에 대해 매우 강력하게 경고했다고 전해진다.

폭발물의 세기를 비교하는 기준 중 참고하면 편리한 것이 세 가지 있으니 폭속爆速, detonation velocity, 폭압爆壓, detonation pressure, 폭발 온도explosion temperature다. 폭속은 폭발에서 발생하는 대기의 파동이 전파되는 속도를 의미하며, 일반적으로 폭속이 빠를수록 폭발력이 강하다고 평가된다. 나이트로글리세린의 폭속은 무려 7,500m/s로, 나이트로셀룰로스가 보이는 5,000m/s 내외의 수치에 비해 압도적으로 강력하다. 폭압 역시 나이트로글리세린이 높으며, 폭발할 때 발생하는 최고 온도 또한 무려 4,000℃의 나이트로글리세린이 1.5배가량 더 높다. 강력하지만 위험한 화약인 나이트로글리세린이 계속해서 관심받게 된 것은 당시 광산 굴착 등 폭발물이 필요한 환경에서 사용되던 흑색화약이 습기에 몹시 취약했기 때문이기도 하다.

노벨은 나이트로글리세린의 강력하지만 제어할 수 없는 성질에 큰 매력을 느낀다. 강력한 힘은 그 자체로 재앙이 될 수 있지만, 이를 제어할 기술을 찾아낸 사람은 시대의 흐름에 올라탈 수 있게 된다. 노벨은 스웨덴으로 귀국해 아버지의 공장에서 나이트로글리세린을 상용화할 방법을 찾아 헤매기 시작한다. 하지만 곧 위험성은 현실이 된다.

스톡홀름 교외에 자리한 그의 실험실에서 거대한 폭발 사고가 일어나 어린 남동생을 포함한 다섯 명의 근로자가 사망한다. 가족의 상실은 노벨에게 큰 충격을 주었지만, 공포를 딛고 계속해서 나아가려는 의지 역시 싹튼다. 현재도 사고가 발생한 위험 시설은 폐쇄되거나 제도적으로 금지되는 것이 당연하듯, 스웨덴 정부는 주거지 근처에서 나이트로글리세린의 생산을 비롯한 작업을 엄격히 금지한다. 노벨이 선택한 방법은 인근 멜라렌Mälaren 호수 위에 바지선을 띄우고 선상에서 폭발 실험을 이어가는 것이었다.

이후 다이너마이트의 발명까지는 위인전 등으로 널리 알려진 것과 같다. 발명왕이라는 위명과 특허 사냥꾼이라는 오명을 동시에 보유한 토머스 에디슨이 성공적인 백열전구 필라멘트 재료를 찾으려고 수많은 물질을 실험한 것처럼, 노벨은 나이트로글리세린을 안전하게 저장하고 운반할 수 있는 물질을 발굴하기 위해 끝없는 실험을 반복한다. 이 과정은 우리 생각보다 길지 않았으며, 약 1년간의 도전 끝에 규조토라는 다공성

퇴적암이 나이트로글리세린을 흡수해 안정적인 반죽 형태를 만든다는 사실을 찾아낸다. 이제 나이트로글리세린은 바닥에 떨어뜨려도, 망치로 강하게 두드려도, 심지어 불을 붙여도 쉽게 폭발하지 않는 물질로 바뀌었다.

뒤에 더 상세히 알아보겠지만, 뇌관雷管, detonator이라는 기폭장치를 이용해야만 강력한 폭발이 발생했으며, 원하는 곳에서 원하는 순간 폭발시킬 수 있는 거대한 에너지의 집약체를 인간이 손에 넣는 순간이었다. 단순히 총알이나 포환을 먼 곳의 적에게 밀어내는 추진제가 아닌, 그 자체로 화염과 폭음, 충격파를 일으켜 주위를 초토화할 수 있는 불을 손에 넣은 것이다. 이 순간은 인간이 처음 불을 다루게 된 수십만 년 전의 순간을 떠올리게 하며, 실제로 그 정도의 의미가 있다.

힘을 뜻하는 그리스어 'δύναμις(dynamis)'에서 유래한 이름처럼 다이너마이트는 이후 혁명적인 힘으로 터널 굴착 공사, 광산 채굴, 도로 건설 등 대규모 토목 공사에 광범위하게 사용되기 시작한다. 다이너마이트가 이룬 위업으로는 미국 북동부의 도시 뉴욕을 전 세계에서 인구 순위가 매우 높은 도시 중 하나이자 미국 최대의 도시로 성장시킨 사례를 들 수 있다. 뉴욕의 상징인 자유의 여신상은 허드슨강과 이스트강이 만나는 위치에 웅장하게 서 있다. 그중 이스트강은 맨해튼, 퀸스, 브롱크스를 연결하는 중요한 수로이자 선박 무역로였지만 치명적인 문제가 있었으니 암초 장애물이 많아 1,000여 척이 넘는 선박이 좌초된 지점이기도 했다. 이스트강의 거대 암초 지대는 '지옥의 문Hell Gate'이라고 불릴 정도였으며, 급류를 만드는 수중 암초를 제거하는 일은 숙원 사업이었다.

미국 공병대는 무려 18년 동안이나 여러 방법으로 암초 제거를 시도했지만, 당시 사용하던 흑색화약은 습기에 약하며 방수 처리를 해도 물속에서 폭발력이 충분치 않아 암반 파쇄는 역부족이었다. 그런데 이름부터 강력함이 뿜어져 나오는 노벨의 다이너마이트가 등장하며 역사가 바뀐다. 수중 터널을 파고 폭탄을 설치해 두 차례의 폭파를 시행한다. 특히 가장 큰 암초였던 플러드 록Flood rock의 폭파는 핵무기를 제외하고 인간이 만들어낸 역사상 가장 거대한 폭발로 기록되는데, 무려 128톤의 다이너마이트 등이 사용된다.[2] 폭발이 만들어낸 땅의 흔들림은 무려 인공적으로 진도 5의 지진을 일으킬 정도였다.

이스트강의 암초 제거는 뉴욕항의 기능을 극대화함으로써 경제 성장을 이끌어 현재와 같이 발전된 도시가 되도록 만들었으며, 무엇보다 노벨에게는 다이너마이트의 성능과 신뢰성을 완벽히 입증하게 된 계기였다.

노벨의 발명은 꺼지지 않는 신의 불을 회양목 안에 숨겨 인간에게 몰래 전해준 그리스 신화 속 프로메테우스Prometheus를 떠오르게 한다.[3] 프로메테우스가 캅카스산의 바위에 쇠사슬로 묶인 채 독수리에게 영원히 간을 쪼아 먹히는 형벌에 처하게 된 것처럼, 노벨에게도 원치 않던 사회적 처벌이 뒤따른다. 수많은 사람을 그 어느 때보다 빠르게 죽일 방법을 찾아 부자가 된 인물이라며 '죽음의 상인'이라는 비난이 시작된다.[4] 이때 받은 충격에서 비롯된 노벨의 고뇌는 삶에 큰 영향을 미치며, 자기가 죽은 이후에도 인류에 긍정적인 영향을 미칠 수 있는 역사적인 유산을 남기겠다는 결심에 이른다. 노벨 재단의 설립과 1901년부터 시작되는 물리학, 화학, 생리의학, 문학, 평화의 다섯 분야에서 수여되는 노벨상의 시작이다.

노벨이 다이너마이트를 만들고 거대한 부를 얻었으며, 오명을 씻고자 노벨상 제도를 시작했다는 사실은 대략적으로나마 친숙한 내용이다. 그런데 우리가 정말 궁금한 것은 따로 있다. 과연 노벨은 얼마나 기부했길래 지금도 메달과 상금 수여가 계속되고 있을까? 본격적으로 궁금한 부분을 긁어보자.

노벨은 세상을 떠나며 전 재산의 대부분을 재단 기금으로 기부하는데, 당시 금액으로 3,100만 스웨덴 크로나(SEK)였다. 무려 130여 년 전의 낯선 금액이니, 현재의 가치로 대략 환산한다면 약 3,000억 원에 해당한다. 엄청난 금액이지만 세계적인 부호들이 조 단위 이상의 자산을 보유한 것과 비교하면 다소 적게 느껴지기도 한다. 하지만 19세기 말 유럽의 시장 경제 규모를 함께 생각해야 한다.

노벨상이 처음 수여된 1901년, 각 분야의 수상자에게는 약 15만 크로나가 상금으로 지급되었다. 과학자들 대부분이 교직에 몸담고 교육과 연구를 병행하던 당시에 스웨덴 대학교수의 연봉이 6,000크로나 정도였으니, 노벨상 상금은 무려 25년 치 연봉을 한 번에 받는 것과 같았다. 당대 유럽 최고 학력자들이 평생 성실히 근무하며 지출 없이 모으기만 해야 쌓을 수 있는 금액을 상금으로 지급하니, 노벨상은 단순히 명예만이 아니라 여생을 계속해서 연구에 쏟아부을 수 있도록 경제적 자유를 보장하는 충격적인 제도였다. 당시 유럽의 모든 과학 학술상의 상금을 더한 것보다 압도적으로 큰 규모였다. 그래서 초기에 노벨상이 여러 상 중 최고라는 입지를 만들어가는 데는 무엇보다 상금의 규모가 유효했을 것이다.

해마다 금전적 가치가 달라지긴 해도 한화 수십억 원에 해당하는 상금을 매년 지급하는 것은 어떻게 해서 가능할까? 답은 자산 운용과 투자에 있다. 노벨은 자신의 유산을 투자하는 방식까지 유언으로 지정했는데, 안전한 유가증권에 투자해 이자 수익을 상금으로 지급하라는 지시였다. 이에 따라 초기에는 국채, 담보 대출 등 보수적인 운용을 했지만, 두 차례의 세계대전과 대공황 시기를 거치며 채권 수익률이 낮아지고 기금 가치가 하락하는 위기에 처한다. 재단은 고심 끝에 1950년 스웨덴 정부의 승인을 받아 유언의 해석을 확대한다. 현대화된 형태에 맞춰 주식, 부동산, 헤지펀드 등 투자 목록을 다각화한 것이다. 그 결과 노벨 재단의 자산 규모는 2024년 발표 기준으로 한화 약 9,785억 원에 달한다. 2024년에만 10.7%의 투자 수익률을 창출했으며, 지난 5년간 연평균 9.2%의 수익률을 보인다. 투자 목록은 주식 펀드 52%, 부동산 및 인프라 펀드 9%, 고정 수익 자산 및 현금 17%, 대체 자산 20%, 누적 통화 헤지 이익 2%로 구성되었으나, 펀드나 기타 금융 상품을 통해 간접 투자하기에 개별 주식 투자 목록을 찾아보기는 쉽지 않다. 아쉬운 일이다.

폭발이 담고 있는 파괴력은 전쟁의 양상부터 경제와 사회까지 모든 것을 변화시켰으며, 그 힘은 결국 평화와 진보를 위한 끊임없는 노력으로 이어졌다. 흥미로운 점은 나이트로글리세린과 다이너마이트는 대폭발 시대의 첫 단추에 불과했다는 것이다. 음속을 넘는 충격파를 만들어낸 인간은 더 강하고 안전한 폭발을 찾아 화학의 세계를 헤엄치기 시작한다.

폭발의 기준, TNT

한 분야의 다양한 대상을 비교할 때는 가장 친숙한 대상을 기준으로 삼아 계산하곤 한다. 예를 들어 달콤함을 비교할 때는 설탕을 기준 삼는다. 가장 흔히 사용되는 아스파탐은 설탕의 200배, 천연 감미료이자 과일에 첨가되곤 하는 스테비아는 약 300배, 사카린은 약 500배, 아스파탐과 유사하지만 새롭게 등장한 강자 네오탐은 무려 1만 2,000배, 가장 최근 개발된 초고감미료 중 하나인 어드밴탐은 무려 2만 배라고 계산한다. 고대부터 사용된 물물교환과 실물 화폐의 풍습처럼 비교할 수 있는 대상을 기준으로 삼는 것은 직관적으로 크고 작음을 인식하게 해주어서 편리하다.

폭발물의 위력을 비교하는 데 사용되는 기준으로는 흔히 TNT가 쓰인다. 예를 들어 최초의 두 원자폭탄이었던 리틀보이는 약 1만 5,000톤의 TNT로, 조금 더 큰 팻맨은 약 2만 톤으로 위력이 계산된다. 인류 역사상 가장 강력한 인공 폭탄인 차르 봄바는 무려 TNT 5,000만 톤에 육박한다. 자연 현상의 거대한 에너지 역시 TNT 단위로 이야기할 수 있다. 규모 9.0에 달했던 2011년 동일본 대지진은 약 2억 톤의 TNT로 계산되며, 인도네시아 수마트라섬의 토바 호수를 만든 7만 4,000년 전 거대 화산 폭발은 1,000억 톤 TNT 위력으로 네안데르탈인과 데니소바인의 멸종을 앞당기고 호모 사피엔스로의 진화를 이끈다. 지구에 가해진 거대한 충격 중 하나였던 멕시코 유카탄반도 칙술루브 운석 충돌은 상상하기 어려운 수준인 10경 톤의 TNT 위력으로 공룡의 멸종을 초래했다.

이처럼 일관된 기준은 다양한 현상과 폭발을 비교하기 쉽게 돕는다. 그런데 앞서 등장한 흑색화약이나 무연화약, 나이트로셀룰로스와 나이트로글리세린이 아닌 TNT가 기본 단위가 된 특별한 이유는 뭘까? 의외로 고폭약이라는 위명과 달리 안정한 물질이어서 폭넓게 사용되었으며, 그 과정에서 TNT 자체의 에너지에 대한 일부 가정이 절묘하게 추가되었기 때문이다.

출입하는 열의 양을 뜻하는 열량熱量이 라부아지에와 라플라스에 의해 측정된 후, 시간이 흘러 칼로리calory, cal라는 단위가 만들어진다.[5] '1기압에서 물 1g의 온도를 1℃만큼 올리는 데 필요한 열량'을 의미하는 1cal는 정의에서부터 매우 표준적인 단위임을 직감할 수 있다. 함께 사용되는 또 다른 열량의 단위인 줄joule, J은 19세기 중반 열과 일, 에너지의 관계를 기계적으로 탐구한 결과 모든 형태의 에너지를 통일해 측정할 수 있는 보편적인 단위로 탄생한다. 1cal는 4.184J과 같으며, 이 수치는 1mg의 TNT가 폭발할 때 방출되는 에너지와 같다!

조금 더 편리한 값으로 바꿔본다면, 흔히 1g의 TNT는 1kcal, 혹은 4.184kJ의 에너지를 방출한다고 설명한다. 이에 따라 우리가 확인한 에너지의 양을 TNT로 간단히 바꿔볼 수 있다. 그런데 정말 1g의 TNT가 4.184라는 숫자와 일치한 것은 기적처럼 이루어진 일이었을까? 혹시 당시에 모든 에너지를 TNT로 규정하고자 하는 거대 세력과 사회적 의지에 의해 오히려 과학적 상수가 폭발물에 지배당한 것은 아닐까?

아쉽게도 이 정도면 적당히 괜찮겠다는 편리 만능주의에 따라 만들어진 값이다. 실제로 측정하면 TNT 1g은 약 4.6kJ 정도의 에너지를 방출한다. 물론 우리가 비교하고자 하는 다양한 에너지 방출도 실제 상황에서는 오차가 발생하고, TNT 역시 순도나 폭발 환경에 따라 방출하는 에너지의 양이 달라진다. 그러니 '어림잡아 4kJ 좀 넘는 정도'라고 말하는 것도 현실 세계에서는 충분히 타당성이 있다. 그래서 1950년대 본격적인 핵무기 개발과 실험이 시작되며 강력한 폭발력을 비교할 기준이 필요해지자, 칼로리를 줄로 변환했을 때의 값과 TNT 에너지의 유사성에 착안해 간단히 TNT를 기준으로 사용하기 시작한 것이다.

TNT는 다이너마이트보다 훨씬 늦은 시기에 발견된다. 화학의 상징과도 같은 육각형 고리 물질인 벤젠에 가장 작은 탄화수소 조각인 메틸-CH_3이 하나 추가된 분자를 톨루엔toluene이라 부른다. 톨루엔은 이름에서부터 왠지 심각한 유독성과 발암성이 기대되지만, 놀랍게도 단 하나의 탄소 차이로 다른 결과가 나타난다. 벤젠은 국제암연구소IARC의 발암물질 분류상 발암성 등급 1군에 속해 인간에게 암을 유발하는 것이 확실하다고 과학적으로 입증된 물질 중 하나다.[6] 특히 급성 골수성 백혈병과 혈액암을 유발하는데, 체내에 들어가면 높은 반응성을 갖는 물질로 변해서 유전물질인 DNA에 손상을 입히고 세포 변이를 일으키기 때문이다. 그런데 흥미롭게도 톨루엔은 3군으로 분류되어 인간에게 암을 일으키는 것으로 보기 어려운 물질에 속한다. 단 하나의 탄소가 추가되어 벤젠과는 다른 대사 경로를 거치기에 독성을 보이지 않고 체외로 배출된다. 그래도 톨루엔을 가정에서 사용하는 것은 여전히 위험하다. 벤젠과 톨루엔 모두 특유의 (개인적 체감으로는) 향긋하고 매력적인 향을 가졌지만, 톨루엔은 발암성이 없을 뿐이고 흡입하면 중추신경계에 영향을 주는 환각성 물질이기 때문이다.

향을 갖는 방향족芳香族, aromatic 유기 분자의 장대한 서사시가 시작되는 첫 문장으로도 볼 수 있을 벤젠의 등장은 그 발견부터 역사적인 과학자들의 이야기로 가득하다.

세상에 유명한 과학자는 많지만, 과학자들의 과학자이며 전기 문명의 인도자, 아인슈타인의 아이돌, 대중 강연의 시작점인 마이클 패러데이Michael Faraday를 빼놓을 수 없다. 패러데이가 발명하고 발견한 것은 수없이 많으며, 벤젠 역시 그중 하나다. 당시 런던 거리의 가스등은 고래기름을 사용했는데, 지금으로부터 약 200년 전인 1825년 패러데이는 열분해한 고래기름의 액체 잔류물에서 벤젠을 발견한다. 이어서 현대 화학 실험실과 대학원 문화의 창시자인 유스투스 폰 리비히Justus von Liebig가 벤졸이라는 이름을 제안했고, 제자였던 유기화학의 거장 아우구스트 빌헬름 폰 호프만August Wilhelm von Hofmann에 의해 드디어 벤젠이라는 용어가 자리 잡는다. 벤젠의 구조식은 현대 화학의 선봉장인 프리드리히 아우구스트 케쿨레Friedrich August Kekulé가 제안한 고리 구조를 따랐는데, 케쿨레는 백일몽에 빠져 자기 꼬리를 문 뱀을 보고 이 구조를 떠올렸다고 전해진다.

벤젠은 폭발물이 될 수 있는가? 물론이다. 숙련된 화학자에게 폭발시키지 못할 물질은 없다. 하지만 화학 반응에는 전자가 더 풍부한 톨루엔이 활용하기 편리하다.

TNT는 톨루엔에 폭발물의 영혼과도 같은 질산 작용기가 정확히 3개 추가된 화학 분자다. 이름 자체가 3개(tri)의 질산 작용기(nitro)가 존재하는 톨루엔이라는 의미인 트라이나이트로톨루엔trinitrotoluene이며, 앞 글자를 따 TNT로 줄여 부르곤 한

벤젠

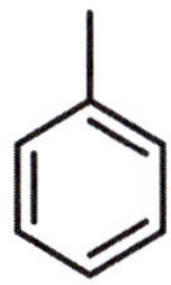

톨루엔

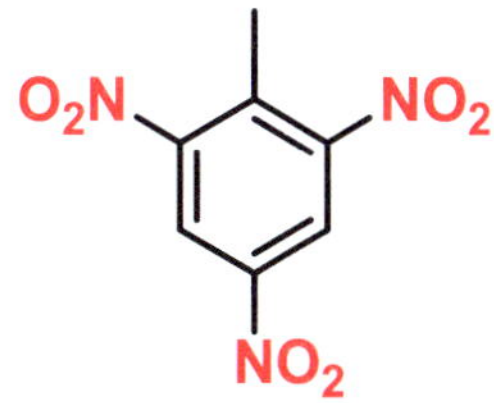

트라이나이트로톨루엔(TNT)

다. 같은 질산 폭발물이지만 나이트로셀룰로스나 나이트로글리세린보다 TNT의 탄생이 늦었던 것은 재료를 얻는 방식 때문이기도 했다. 셀룰로스는 목화(면)나 식물의 섬유질에서 쉽게 구할 수 있었으며, 글리세린은 비누를 만드는 과정에서 동식물성 지방의 주요 성분으로 분리된다. 이들은 자연에서 충분히 구할 수 있는 물질이었지만, 톨루엔은 소나무 기름을 증류하는 과정에서 처음 발견되어 대량 생산이 어려웠다.

결국 1863년 독일 화학자 율리우스 빌브란트Julius Wilbrand가 TNT를 처음 합성해내는데, 이제껏 다른 폭발물들이 우연한 사고를 일으키며 감출 수 없는 매혹적이고도 위험한 불안정성을 드러냈던 것과 달리 TNT는 그 누구도 폭약으로 생각하지 못했다. 오히려 TNT의 샛노란 색은 섬유나 옷감을 물들이는 염료로 쓰여왔다. 그러다 TNT 발견으로부터 약 30년이라는 시간이 지난 19세기 말에 이르러서야 고온에서 폭발성을 갖는

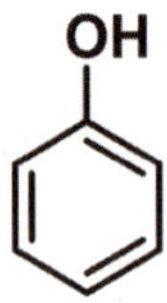

페놀

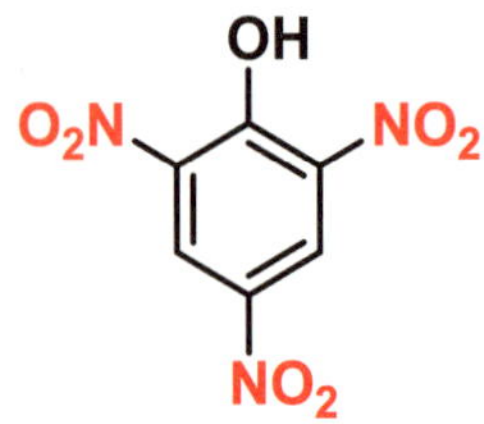

피크르산(TNP)

다는 놀라운 사실이 발견된다.

안정해서 염료로 사용되던 물질이 알고 보니 폭발물이라는 사실은 큰 관심을 끌었다. 당시 사용되던 폭발성 물질은 피크르산picric acid이었는데, 톨루엔과 유사한 페놀phenol의 질산화로 만들어지는 물질이었다. 피크르산은 폭발력이 강한 물질이었지만, 금속과 반응해 불안정한 염을 만든다는 치명적인 단점이 있다. 포탄 등은 금속으로 이루어진 물질이니 장기간 보관하면 문제가 될 수 있다. 당시 피크르산 폭약은 유럽 전역에서 애용되었는데, 영국은 소량의 바셀린 등과 혼합한 리다이트Lyddite라는 이름의 폭약을, 프랑스는 무연화약과 조합해 만든 멜리나이트Mélinite를 사용했다. 이 밖에도 독일의 수류탄 등의 충전물로 시작된 그라나트퓔룽 88Granatfüllung 88, 오스트리아-헝가리 제국의 피크르산과 크레솔 암모늄염 조합 에크라사이트Ecrasite 등이 대표적이다.

피크르산의 위험성을 체감할 수 있는 사고의 예로는 1916년 5월 1일 프랑스 탄약 공장 사건을 들 수 있다. 당시 화재로 녹은 피크르산이 콘크리트 바닥에 흘러내렸는데, 콘크리트를 구성하는 금속 원소인 칼슘과 반응해 칼슘 피크르산염을 이루며 폭발해 무려 170명이 사망했다.[7] 리다이트 등 피크르산 포환은 충격에 민감해 전차 장갑에 부딪히자마자 폭발하는 등 에너지 효율이 떨어지지만, TNT는 고온 폭발이기에 장갑 관통 후 기폭할 수 있다는 압도적인 장점을 보여 전면적인 폭약 교체가 이루어진다.

TNT의 안정성은 많은 것을 가능케 한다. 불안정성 폭약의 대명사인 나이트로글리세린과 비교해보자. 나이트로글리세린은 13.2℃ 내외의 녹는점을 가져 상온에서 옅은 노란빛의 기름 형태다. 단 50℃만 되어도 분해가 시작되어 폭발 위험성이 높아지므로 여름철 직사광선에 노출된 채 방치되면 언제든 폭발할 수 있는 물질이다. 특히 온도가 점차 높아지면 기하급수적으로 폭발 가능성이 증가하며, 안전하게 보관했다 해도 시간이 지나며 불안정한 형태로 바뀌어 분해가 시작된다. 이와 달리 TNT는 80.35℃에서 녹으므로 노란색 고체 형태로 쉽게 관리할 수 있으며, 최소한 240℃에 이르러야 분해가 시작되기에 직사광선 정도로는 걱정 없다. 아마 독자들이 TNT를 직사광선에 노출하는 것을 고민할 정도의 상황은 웬만해서는 생기지 않으리라고 확신하지만, 그럼에도 혹시나 하는 걱정이 계속된다면 식용유를 떠올리면 해결된다. 고온에 강해 튀김류 음식에 적합하다는 콩기름 식용유가 분해되어 유해한 연기 물질들이 발생하는 발연점이 220℃다. 안정한 물질로 생각해 편하게 관리하는 콩기름보다 더 높은 분해 온도를 갖는 물질이 TNT이니 위험성을 걱정할 필요는 없다. 오죽하면 그 안정성 덕분에 옷감을 염색하는 용도로 TNT가 사용되며 그 누구의 의심도 없이 30여 년이 흘러갔겠는가.

하지만 안정성과 안전성은 다르다. 이제는 다양한 염료가 개발되었고 TNT는 폭발물로 이미지가 굳어져서 사용되지 않겠지만, 염료로 사용해도 정말 아무런 문제가 없었을까? 의외로 염료로 사용되었다는 이야기는 무성하지만 어떤 경로로 제품이 만들어져 소비자에게 공급되었는지, 그리고 소비자가 이 폭발성 황색 염료의 부작용으로 고통받지는 않았는지에 대한 기록은 찾아보기 어렵다. 대신 작업자들의 피부가 노랗게 물들었고 본격적인 폭탄 제조가 시작되는 제1차 세계대전 당시 군수품 공장에서 안전성 문제가 발견된다.

당시 군수공장에서는 여성 노동자가 포탄 제조 작업을 맡았다. 노동할 만한 나이의 남성은 이미 군인이 되어 전쟁터에 나가 있으니, 여성이 그 자리를 채워 군수품 제조를 담당한 것은 당연한 상황이었다. 이들을 '카나리아 소녀Canary girls'라 불렀는데, 반복된 TNT 작업으로 피부가 카나리아 새처럼 노란빛이나 주황빛으로 항상 물들어 있었기 때문이다. TNT는 피부의 멜라닌 등과 반응해 착색을 일으켰다. 더 큰 문제는 색상만이 아니라 피부를 자극해 가려움과 발진, 피부 벗겨짐, 부기 증상이 수반되는 염증이 발생한다는 점이었다. 또한 피부를 통해 체내로 흡수되면 산소를 운반하는 헤모글로빈을 기능이 상실된 적갈색 형태인 메트헤모글로빈으로 변형시켜 빈혈이 발생한다. 이어서 재생 능력이 제한된 장기인 신장이 손상되고, 인체 내 해독 작용을 담당하는 간의 과부하로 이어진다. 심한 경우 종착지는 사망이다.[8]

나이트로글리세린과 TNT의 대결에서 안정성으로는 TNT가 압승이었다면, 안전성에서는 반대 결과가 나온다. 나이트로글리세린은 체내에서 분해되며 산화 질소를 방출해 혈관을 확장하는 역할을 한다. 혈관이 확장되면 막힌 도로를 넓히듯 혈압이 낮아지며, 혈관과 심장에 가해지는 부담이 줄어들어 가슴 통증이 해소된다.[9] 협심증이나 심근경색 같은 매우 위험한 심혈관 질환의 응급 약물로 애용되는데, 액체 상태의 물약으로 복용한다면 흔들림으로 인한 폭발 위험성이 있어서 다이너마이트에 사용한 전략을 그대로 적용한다. 다공성 구조로 이루어져 빠른 방출과 모세혈관을 통한 흡수가 이루어지도록 하며, 유당 등 다른 물질로 희석하고 흡착시켜 폭발의 위험성을 없앤다.

다이너마이트와 TNT 중에서 무엇이 더 뛰어난가를 비교하기는 어렵다. 두 폭약 모두 타오르며 탄환을 밀어내는 추진제로 쓰이는 화약의 단계를 넘어 본격적인 폭발을 일으키는 역사적이고 근본적인 물질이다. 전쟁에서 수많은 사람의 목숨을 빼앗은 폭력적인 도구이기도 했지만, 근대 산업 시대가 구축되는 데 없어서는 안 됐을 필수 도구이기도 했다. 유용함과 위험함 사이에 있는 폭발물의 두 얼굴이 대표되는 마지막 순간이기도 했다. 건설이나 채광에 필요 이상으로 강력한 폭발물이 사용될 필요는 없다. 하지만 전쟁에서는 강할수록 더 위대한 도구이자 무기이며, 아이러니하게도 전쟁억제력이기까지 하다. 이러한 필요는 새로운 폭발물의 설계로 이어진다. 그 모든 여정에서 화학은 단 하나의 가능성이었다.

멸망을 대비하는 생활 화학 제조법

1단계 나이트로글리세린

※경고: 만들지 말 것.

이 물질은 작은 충격이나 마찰로도 폭발해 부상과 사망을 일으킬 수 있으므로 안전을 보장할 수 없다. 하지만 멸망을 대비하다 실험실에서 멸망하는 일이 발생하지 않도록 이 기회에 여러분이 폭발물을 제조할 때 주의해야 하는 안전 요령을 몇 가지 정리해 본다.

뉴스에 종종 나오는 실험실 화재 및 폭발 사고의 대부분은 폐수통에서 발생한다. 올바른 보관 방법에 맞게 물질마다 시약병에 담긴 상태로는 웬만해서는 문제가 발생하지 않으며, 일정 기한이 지난 시약은 주기적으로 폐기 업체를 통해 안전하게 폐기된다. 만약 시약이 직사광선에 드러난 채 수십 년간 방치되고 환기조차 이루어지지 않는 실험실에서의 안전 대책이 무엇일지 되묻는다면, 실험실 사고는 자신만이 아니라 주위의 많은 사람에게도 피해를 주는 만큼 그런 경우 과학에 대한 열정을 접고 연구 활동을 그만두기 바란다.

문제는 온갖 화학물질의 집합소이자 들끓는 황천의 곤죽으로 가득한 폐수통이다. 폐수 처리 역시 산과 염기, 무기물과 유기물 등을 구분해 서로 다른 통에 처리하는 것을 의무화하고 있으나, 공간이 좁거나 잠시의 귀찮음을 이겨내지 못하면 어차피 반응이 모두 끝난 비활성화된 물질이라 생각하고 일거에 쏟아 비우게 될 수 있다. 특히 용매로 흔히 사용하는 알코올과 산성 물질인 질산 및 황산의 반응은 이제껏 살펴본 다른 질산 폭발물과 마찬가지로 반응한다. 손 세정제나 마커펜에도 사용되며 흔히 쓰이는 알코올의 일종인 아이소프로판올과 질산을 폐수통에 버리면 농도에 따라 다른 시간에 폭발할 수 있다. 사고 사례를 통해 추산할 때 15% 정도의 아이소프로판올이 들어 있는 폐수통에 진한 질산 폐수가 유입되면 10분 후 폭발한다. 나이트로글리세린보다도 불안정하고 격렬한 반응을 일으키기에 우리가 상상하는 작은 화재가 아니라 실험실 한 동이 초토화될 정도다. 이 외에도 에탄올과 산 폐수를 함께 버리거나, 계면활성제와 산, 염기가 함께 버려지면 폭발이나 분출로 상해를 입을 수 있으니 주의하자.

2단계 TNT & TNP

TNT는 안정하니 만들어도 되지 않을까? 공업용 물품이 보관된 창고를 발견해 톨루엔을 확보한다면 이제껏 우리가 만들어온 질산과 황산으로 충분히 제조할 수 있다. 하지만 이런 특별한 상황을 가정하지 않는다면 조금 더 현실적으로 합성이 가능한 것은 TNT의 전신이었던 피크르산이다.

피크르산은 톨루엔의 질산화를 통해 만들어지는 TNT와 마찬가지로 페놀에 3개의 질산 작용기가 결합한 형태다. 우리가 가장 먼저 해야 할 일은 페놀의 확보다. 페놀을 구할 수 있는 경로는 다양하다. 조금 더 생활에 밀접한 물품들을 기준으로 이야기해보자. 대부분의 제조 식품 성분표에는 '안식향산 나트륨'이라는 의문의 성분이 쓰여 있다. 무엇인지는 몰라도 나트륨이라는 단어가 붙었으니 조금 짭짤한 감미료로 오해받는 경우가 흔하다. 안식향산 나트륨의 정식 이름은 벤조산 나트륨sodium benzoate이다. 다만 화합물 이름으로 적으면 유독성 발암물질인 벤젠이 연상되어 불쾌감을 줄 수 있어서 다른 표현이 사용되는 듯싶다. 화학 구조의 기본은 벤젠과 마찬가지로 육각형 고리지만, 벤조산은 독성이 크지 않고 민감한 사람에게만 두드러기를 비롯한 약간의 부작용을 일으킨다. 톨루엔의 예시처럼 작은 구조 차이가 완전히 다른 결과를 만들어낸 것이다. 안식향산은 안식향나무*Styrax*에서 채취한 수액을 말려 만드는 약재이자 향료를 안식향安息香, Benzoin이라 부르는 데서 기인한다. 왠지 편안함을 자아내는 안식향이라는 단어에서 느껴지듯 예부터 향기가 좋고 사악한 기운을 쫓아낸다는 의미로 사용되었다는 설과, 안식향의 주요 생산지 중 하나가 페르시아였으며, 옛

지명이 안식국安息國이라는 데서 유래했다는 해석도 있다. 안식향의 화학성분이 바로 벤조산이었으며, 승화를 통해 분리된 산성 물질을 안식향산이라고 부른다.

벤조산 나트륨은 식품 매대 등에서 구할 수 있는데, 알칼리 조건에서 가열하면 일부 구조가 이산화 탄소로 깨져 배출되며 벤젠이 된다. 이어서 발연황산 처리와 간단한 알칼리 반응을 연달아 가하면 페놀을 얻을 수 있다. 만약 이 과정이 위험하고 어렵게 느껴진다면 조금 더 간단한 방법이 있으나 비상시에는 오히려 더 중요할지도 모를 의약품을 소모해야 한다. 약국으로 달려가 아스피린을 비롯한 아세틸살리실산 의약품을 잔뜩 챙기자. (이후 아스피린이 필요한 상황이 발생하지만 이미 폭발물을 만드느라 다 써버렸다면 버드나무 속껍질을 벗겨 물에 넣고 끓이면 해열 진통제를 얻을 수 있으니 이를 활용하기 바란다.)

아스피린 같은 알약은 약효성 물질과 더불어 녹말이나 셀룰로스, 포비돈 등의 접착 제제와 규산이나 탈크 등의 윤활 제제로 제형이 만들어지고 표면은 얇은 막으로 덮여 있다. 아스피린을 곱게 갈아 에탄올에 넣으면 중요한 아세틸살리실산은 에탄올에 녹아 나오고 나머지 물질들은 가라앉는다. 걸러내 물을 증발시켜 아세틸살리실산만 분리하자. 여기에 황산을 넣어 아세틸 작용기만 제거하면 살리실산salicylic acid을 바로 얻을 수 있는데, 살리실산을 시작으로 피크르산을 간단히 제조할 수 있다. 너무 높은 온도에서는 위험하니 적절한 온도를 유지해야 하는데, 프라이팬에 식용유를 채워 가열하면 간이 오일 배스oil bath를 준비할 수 있다. 황산에 살리실산을 넣어 녹여준 후 매우 조금씩 질산 칼륨을 넣으면 질산화가 단계적으로 진행되어 트라이나이트로페놀trinitrophenol, TNP, 즉 피크르산이 만들어진다. 정제는 간단하다. 충분한 양의 얼음물에 넣으면 노란색 결정의 형태로 석출된다.

피크르산의 보관은 딱 두 가지만 기억하면 된다. 첫 번째로 차갑게 보관할 것. 두 번째는 금속 용기가 아닌 유리나 플라스틱 통에 밀봉해 보관하는 것이다. 물론 여력이 된다면 TNT를 만드는 것이 훨씬 안전하다. 피크르산을 더욱 안전한 형태로 가공하려면 암모니아와 반응시켜 피크르산 암모늄ammonium picrate으로 만드는 것이 가능하다. 암모니아나 에탄올 등을 만드는 방법은 나중에 기억나면 소개하도록 하고, 지금은 피크르산 암모늄의 다른 이름이 듄나이트Dunnite, 폭발물 DExplosive D라는 것에 주목하자. 이제 입문 단계를 넘어섰으니 단순한 단일 화학성분을 떠나 본격적인 플라스틱 폭발물의 세계를 둘러볼 때가 왔다.

「5초 전」

더 강하게, 더 화려하게

어떤 이들은 세상이 불로 끝날 것이라 말하고,
어떤 이들은 얼음이라고 말한다.
내가 욕망을 맛본 바로는
나는 불의 편을 드는 사람들에게 동의한다.

—로버트 프로스트Robert Frost, 〈불과 얼음Fire and Ice〉 중[1]

인간은 제어할 수 있는 강력한 불을 손에 넣었다. 다른 인간을 포함해 지구상의 모든 생명을 자기 뜻에 따라 없애버릴 수 있게 되었고, 단단한 암반을 부수고 산을 지워내며 자연을 파괴함으로써 새롭게 창조하기 시작했다. 이전의 인간이 발을 들이지 못한 곳에 첫발을 내디딘 후, 걷잡을 수 없이 빠르게 환경을 침공하기 시작한다. 인간이 지구의 온전한 지배자로 등극한 순간이자 물리법칙을 깨닫지 못한 채 내리막길을 힘차게 달려 내려가며 속도를 즐기기 시작한 셈이다. 작은 불꽃은 거대한 화염을 갈망하게 하고, 놀라게 하는 소음은 고막을 찢는 굉음으로 바뀌어간다. 더 강하게, 더 화려하게, 더 아름답게 폭발물을 진화시키는 것은 화학자들에게 숙명과도 같았다.

태초에 빛이 있었다

앞서 말했듯 우리는 모든 시작을 빛으로 묘사한다. 현재 가장 유력한 우주의 형성 특이점인 빅뱅 역시 과학적 사실과 무관하게 한 점에서 퍼져나가는 밝은 빛으로 그려진다. 수억 년 전 척추동물과 포유류의 아득한 선조 생명체는 지상을 지배한 공룡을 피해 시신경마저 진화시키며 어두운 밤을 틈타 생활했고, 돌을 비롯한 무기를 다루게 된 이후에도 해가 지면 자신과 가족을 지키기 위해 더 어두운 동굴 속으로 숨어야 했다. 어쩌면 이러한 경향은 우리의 유전자에 각인된 습성일지도 모른다. 여하튼 우리는 태양 빛은 물론이고 찰나라도 번뜩이는 빛에 열광하고 매료된다. 그런 면에서 거대한 폭발을 만들 수 있는 바로 그 순간, 기폭(起爆, detonation)은 안정하고 강력한 폭발물을 만들어낸 인류가 가장 먼저 달성해야 하는 사명과도 같았다.

기폭약은 이름 그대로 본격적인 폭발을 시작하기 위한 첫 폭발과도 같다. '빛이 있으라'는 그 한마디처럼 말이다. 이 때문에 1차 폭발물primary explosive이라 불리기도 하는데, 충격이나 마찰, 열 등에 매우 민감하니 조심해서 취급해야 한다. 급조 폭발물Improvised Explosive Device, IED의 구조를 찾아보다 보면 항상 등장하는 뇌관, 신관, 도화선 등이 여기 해당하며, 본격적인 폭발이나 큰 피해를 일으키기보다는 주장약을 폭발시키는 역할이다. 기폭약이 연쇄적으로 터뜨리려는 고폭약高爆藥, high explosive을 살펴보기 전에 생각보다 흥미로운 기폭약의 발견 과정을 따라가 보자.

세상에서 가장 안정한 물질은 뭘까? 인간이 사라져도 지금의 도시 형태를 아주 오랜 시간 유지할 것이라는 전망의 근거가 되는 콘크리트부터 불이 붙지 않는 물, 가장 단단하다는 다이아몬드, 우주 엘리베이터를 건설한다면 케이블이 될 수 있는 유일한 물질이라는 탄소 나노튜브 섬유까지 관점에 따라 안정한 물질에 대한 답변은 달라질 수 있다. 하지만 콘크리트는 생존 실험을 위해 건설되었던 바이오스피어 2Biosphere 2에서 이산화 탄소 농도의 급감소를 유발했던 것처럼 기체를 흡수하며 반응할 수 있고, 물은 나트륨이나 칼륨을 비롯한 주기율표의 1족 알칼리 금속 원소를 만나면 거대한 화염을 일으키는 원인이 된다. 다이아몬드는 산소와 반응해 이산화 탄소 기체가 되어 날아갈 수 있음이 과거 라부아지에의 다이아몬드 연소

실험이나 다큐멘터리에 종종 등장하는 액체 산소와의 반응으로 확인되었다. 탄소 나노튜브도 다이아몬드와 마찬가지로 탄소만으로 이루어진 물질이니 유사한 결과가 나올 것이며, 필자가 조사해본 바에 의하면 인체 내 호중구에 의해 분해될 수 있어, 이론상 가래침을 뱉는 것만으로도 서서히 녹일 수 있다.

하지만 문명의 발달과 사용에서 가장 안정한 원소를 하나 뽑으라면 주저 없이 금을 이야기할 수 있다. 금은 다른 금속과 달리 공기 중에서 녹슬지 않아 영원히 찬란한 금빛을 유지하며, 이 때문에 먼 과거부터 태양을 상징하는 금속으로 경외와 찬미의 대상이었다. 단순히 귀금속의 아름다움을 넘어 현대 문명에서는 우수한 내산성과 전기 전도성으로 전자제품의 회로를 이루는 원소로 애용된다. 하지만 무협지에 등장할 법한 "극과 극은 통한다." 같은 표현이 있다. 이 표현을 "가장 안정한 원소는 가장 불안정한 물질이 될 수도 있다."라고 바꿔본다면 섣부른 걸까?

아마 눈치 빠른 독자라면 이야기의 흐름에 따라 금이 폭발물이 되고야 만 역사가 등장하겠다고 예상할 것이다. 그렇다, 인간이 만들어낸 최초의 기폭약은 '폭발성 금fulminating gold'이라 불리던 연금술사와 화학자의 애증 어린 폭발물이었다. 우리가 흔히 사용하는 폭발성explosive이라는 단어 대신 다른 형태의 폭발성fulminating이 사용되는 점이 흥미로운데, 굉음과 함께 강력한 폭발을 일으키는 모습에서 라틴어로 벼락을 의미하는 'fulmen'에 어원을 두고 있다.

흑색화약이 의약품을 탐구하는 과정에서 우연히 발견되었듯, 폭발성 금도 연금술사가 금을 다루던 중 예기치 못한 사고에서 발견된다. 연금술사는 가치가 낮은 금속으로 가치가 높은 금을 만드는 것이 궁극적인 목표였지만, 금을 이해하고 만들려면 금 자체를 파악해야 했다. 연금술 작업에서는 단단하게 고정된 금의 영혼을 뽑아내기 위해 휘발성을 갖는 형태로 만드는 노력이 이어졌는데, 그 과정에서 등장한 강력한 용해액이 왕수王水, aqua regia다. 왕수라는 이름은 물 중의 왕, 혹은 왕과 같은 물이라는 뜻에서 붙여졌다. 쉽사리 녹거나 변하지 않고 고고하게 존재하는 몇 가지 금속을 귀금속貴金屬, noble metal이라고 부르는데, 말 그대로 '귀족 같은 금속'이라는 뜻이다. 그러나 귀족에게 거부할 수 없는 명령을 내리거나 목숨을 빼앗을 권리까지 가진 유일한 존재가 있으니, 바로 왕이다. 이로부터 왕수라는 이름이 붙게 되며, 황산이나 염산, 질산 같은 아주 위험한 산성 물질 속에서도 광채와 형태를 잃지 않는 금을 녹이는 특별한 액체로 사랑받는다.

연금술사는 왕수에 녹여 붉은빛을 띠게 된 물질을 우연히 질소와 결합했다. 남겨진 최초의 기록은 무려 1585년 작센 선제후 휘하의 연금술사였던 제발트 슈바르처Sebald Schwärtzer의 저서《크리소포에이아 슈바르체리아나Chrysopoeia Schwaertzeriana》에서 찾아볼 수 있다.[2] 슈바르처의 실험은 왕수에 금을 녹이는 작업으로 시작되는 4일 간의 복잡한 절차를 다루는데, 반복되는 실험과 염화 암모늄NH_4Cl과의 혼합에서 폭발성 금이 생겨난다. 이 방식은 지금도 가능해 화학적으로 녹인 금을 암모니아수와 반응시키면 적황색 가루가 생겨나며, 온도를 높이면 폭발한다. 간단해 보인다고 집에서 금반지를 녹여 폭발물을 제조할 생각은 하지 말자. 최초의 기폭약이라는 이름처럼 말리거나 보관하는 과정에서 폭발해 상해를 일으킬 수 있으니, 가장 안정한 물질이 오히려 폭발할 수 있다는 데서 화학의 신묘함을 느끼는 정도로 마무리하자.

폭발성 금에는 몇 가지 신기한 사실이 더 숨어 있다. 단순하게 폭발했다면 이 물질은 위험한 것으로 여겨져 더는 연구가 이루어지지 않았을 것이다(폭발성이 있다 해도 원료가 금인 만큼 이른바 가성비를 따지기 시작하면 이보다 허무한 낭비는 없을 테니 말이다). 흥미로운 부분은 두 가지다. 첫째로 폭발성 금은 무연화약처럼 깨끗하게 타오르지도, 흑색화약처럼 새하얀 연기를 만들지도, 심지어 대부분의 화석 연료처럼 검은 그을음을 만들지도 않는다. 오로지 어디서도 찾아볼 수 없는 보라색 연기를 일으키며 터진다. 두 번째로 일반적으로 연소에서 발생하는 연기는 고온에서 비롯된 상승기류를 타고 위쪽으로 올라가지만, 폭발성 금의 연기는 기이하게도 아래쪽으로 퍼져나간다.[3] 이 매력적인 기폭약은 이후 많은 화학자가 한 번쯤은 다뤄보는 위험한 연구 주제가 된다. 산소와 염소Cl, 몰리브데넘Mo, 텅스텐W 등의 여러 원소를 발견했던 스웨덴의 칼 빌헬름 셸레Carl Wilhelm Scheele나 화학의 아버지인 앙투안 로랑 라부아지에, 현대 화학 체계를 구축한 옌스 야코브 베르셀리우스Jöns Jakob Berzelius까지 여기에 달려든다. 물론 사고도 흔했다. 베르셀리우스는 실수로 샘플이 담긴 용기를 떨어뜨려 유리 파편이 눈에 박히고 손에는 보라색 흉터가 남게 된 것으로도 유명하다.

비밀은 400년의 세월을 건너 최근에야 풀리게 되었다. 폭발과 함께 독특한 색상을 갖는 나노미터 크기의 금 입자들이 생성되어 특유의 보라색 연기를 만들었으며,[4] 주기율표의 2주기에 자리한 탄소 그을음이 아닌 무려 6주기의 중금속 원소인 금 알갱이의 높은 밀도와 질량으로 아래를 향하는 것이다.

폭발성 금이 단순히 위험한 화합물이 아닌 기폭약으로 구분되는 것은 목적에 맞게 사용된 역사가 있기 때문이다. 잠수함을 발명한 인물로도 유명한 17세기 네덜란드의 발명가 코르

넬리스 드레벨Cornelis Drebbel은 폭발성 금을 어뢰나 기뢰에 적용한 페타르petards라는 일종의 급조 폭발 장치를 만든다. 그리고 1628년 프랑스 국왕 루이 13세와 재상 리슐리외 추기경이 개신교도의 주요 거점인 라로셸La Rochelle을 함락했던 공성전에서 대량의 흑색화약을 기폭하는 용도로 사용되기도 했다.

이후 폭발성fulminating을 넘어 뇌산雷酸, fulminate이라는 화학 구조가 등장한다. 뇌산은 금속과 반응하면 불안정한 물질을 만들어 굉음과 함께 폭발한다는 공통점이 있었다. 그 시작은 또 다른 귀금속인 은이었다. 1800년 영국 화학자 에드워드 찰스 하워드Edward Charles Howard가 실험 중 뇌산 은을 최초로 만들어낸다. 그리고 동시에 또 다른 연금술의 영혼인 액체 금속 수은Hg을 이용한 뇌산 수은도 발견한다. 뇌산 은과 뇌산 수은 역시 매우 간단히 만들 수 있으면서도 폭발성 금보다 저렴했다. 자연스레 이 매력적인 폭발물에 관심을 보이며 도전하는 사람이 많아졌으며, 그중에는 앞서 벤졸이라는 이름을 제안한 유스투스 폰 리비히가 있었다.[5] 염료와 화학물질을 제조하는 상인의 아들이었던 리비히는 어느 날 시장에서 장사꾼들이 폭발성 화학물질을 이용해 작은 장난감 자동차를 작동시키는 모습을 보고 큰 흥미를 느낀다. 질산과 알코올, 수은의 반응이 만드는 이 폭발물을 아버지의 약국 실험실에서 연구하다가 폭발 사고를 냈다고 전해지기도 한다.

뇌산 은과 뇌산 수은 모두 대표적인 기폭약이다. 단 하나라도 기폭약을 체험해보고 싶다면 과거 국내에서 '콩알탄'이라는 이름으로 판매되던 불꽃놀이 장난감을 구해보자. 손톱만 한 크기의 작은 종이 주머니에 알 수 없는 물질이 곱게 포장된 모습의 콩알탄을 바닥이나 벽처럼 단단한 곳에 던지면 '딱!' 하는 소리를 내며 터진다. 혹시 그 안에 무엇이 있을지 뜯어본 사람이라면 검게 그을린 모래알로 가득했던 것을 기억할 것이다. 모래 알갱이들은 서로 부딪혀 충격을 주기 위함이며, 소음과 함께 사라져버린 무언가가 바로 뇌산 은이다. 매우 적은 양으로도 꽤 강력한 폭발을 일으키기 때문에 아마도 안전사고가 자주 일어나 최근에는 거의 보이지 않는 듯싶다. 물론 필자는 바지 주머니에서 실수로 폭발한 적도, 손에 쥐고 일부러 터뜨린 경험도 있으며, 꽤 많이 따가웠던 여름철 기억이 생생하다.

만약 뇌산 은과 뇌산 수은을 비교한다면, 뇌산 수은이 압도적으로 사용하기 편리하다. 뇌산 은은 거의 모든 외부 자극에 반응해 충격이나 마찰, 정전기, 심지어 물방울이나 깃털이 위에 떨어지는 것만으로도 폭발할 수 있다. 이는 중력에 의한 자신의 무게에도 적용된다. 강력한 폭발을 일으키고 싶어서, 또는 대량 생산을 위해 뇌산 은을 조금만 많이 만들어도 스스로의 무게에 짓눌려 폭발하고 만다. 단 몇 밀리그램으로도 가능하다.

이와 달리 뇌산 수은은 독성 중금속이라는 위험성에도 다양하게 사용된다. 초창기 조총(머스킷musket)과 소총(라이플rifle)의 신관을 구성하는 물질이었고, 노벨의 다이너마이트 기폭에도 쓰였다. 아마도 수은이 유발하는 위험성보다 유용함의 가치가 더 컸을 것이다. 대중적으로 뇌산 수은이 유명해진 것은 한 고등학교 화학 선생님의 시한부 판정에서 시작되는 마약 카르텔 활약을 다루는 긴장감 넘치는 최고의 드라마 〈브레이킹 배드Breaking Bad〉에서 나오는 강렬한 장면 덕분일 듯싶다. 새하얀 뇌산 수은 결정을 들고 가 바닥에 내던지며 건물을 폭파하던 장면 때문에 만능 사제 폭발물로 그려지지만, 뇌산 수은 역시 기폭약이기에 매우 민감한 물질이어서 아마도 현실이었다면 들고 가는 동안 가방의 흔들림으로 폭발했을 듯싶다. 그럼에도 기폭약인 뇌산 수은이 사용된 것은 본격적인 파괴를 일으키는 고폭약의 강력함을 피하려고 만들어진 설정으로 보인다. 만약 고폭약을 가지고 가서 자신을 지키는 데 활용했다면 모든 등장인물이 비극을 맞이하며 드라마가 서둘러 막을 내리게 되었을 테니 말이다.

응축된 분노, RDX

기폭약의 목적은 강렬한 파괴에 있지 않다. 공들여 만든 도미노의 첫 번째 조각을 밀어 무너뜨리는 손가락, 혹은 거대한 충격파의 쓰나미를 불러오는 지각의 부러지는 순간과 같다. 본격적인 작용은 기폭약이 아닌 고폭약에서 이루어진다. 고폭약, 흔히 2차 폭발물secondary explosive이라 불리기도 하는 고폭약은 기폭약에 의해 연쇄적으로 폭발하는 안정적인 물질이다. 그리고 우리는 고폭약의 시작을 이미 함께했다. 제1차 세계대전을 거치며 모든 연합군과 동맹군의 표준 폭약이 된 TNT다.

본격적인 고폭약 시대의 개막은 RDX라는 폭발물로부터 시작된다. 'R'로 시작하는 화학물질은 흔치 않다. 도무지 무엇을 줄인 말인지 상상이 가지 않는다면 정상이다. 영국에서 처음 발명된 고폭약으로 'Research Department eXplosive'의 줄임말이라는 의견이 지배적이지만, 간혹 'Royal Demolition eXplosive'라는 주장도 함께한다.[6] 첫 사용은 1898년이었지만, 의아하게도 이 물질 역시 초기의 TNT처럼 폭발물로 주목받기보다는 의료 분야에서의 특성만 이야기된다. 그렇다고 실제로 RDX가 암을 치료하거나 세균을 박멸하는 등 효과적인 의약품으로 작용하기를 기대하면 곤란하다. RDX를 먹으면 어떤 일이 일어나는지, 궁금하게 여겨본 적도 없을 내용에 대해서는 뒤에서 강제로 지식을 전해주겠다. 우선은 여전히 현대 폭발물의 핵심이 된 이 아름다운 고폭약을 이야기하자.

지금쯤이면 어떻게 RDX의 특허가 의약품인지 궁금해서 답답한 지경이지 않을까 싶다. 모든 오해의 시작은 이 물질을 만들 때 가장 편리한 시작 물질이 헥사민Hexamine이라고도 불리는 아름다운 입체 형태의 분자인 헥사메틸렌테트라민hexamethylene tetramine이었기 때문이다. 최초의 RDX 합성은 헥사민과 고순도의 진한 질산으로 이루어졌는데, 당시 헥사민은 요로감염을 치료하는 약물로 쓰이고 있었다. 이번에도 두 가지 흥미로운 이야기를 꺼내본다면, 헥사민은 산성 환경에 놓이면 분해되기 시작하는데, 그 결과물이 바로 암모니아와 폼알데하이드HCHO다. 이름에서부터 독성이 느껴지는 듯한 폼알데하이드는 우리가 에탄올로 이루어진 술 대신 섭취하면 사망하게 되는 메탄올의 분해 물질이기도 하다. 폼알데하이드는 매우 강력한 살균제로, 세균의 단백질과 핵산을 다시는 복구되지 못하도록 변성시켜 제거한다. 더욱이 특정한 효소나 기능을 방해하는 것이 아니라 모든 것을 무차별로 공격하기에 항생제 내성이 있는 요로감염 환자에게도 효과적이다.

그렇다면 이제 RDX, 다른 이름으로 헥소겐hexogen 제조법도 답이 나왔다. 암모니아와 폼알데하이드. 이 간단한 두 가지 물

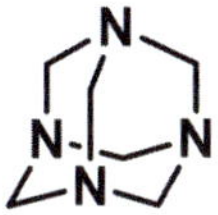

헥사민

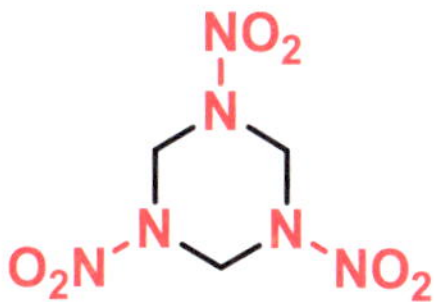

RDX

질로 우리는 강렬한 폭발을 만들어낼 첫 번째 문제를 해결했다. 하지만 언제나 조금 더 간편한 방법이 있으니, 이미 완성된 물질을 '획득'하는 것이다. 정상적인 상황에서는 이를 '절도'라 표현하겠지만, 우리 이야기의 배경은 영화 속 멸망 이후의 세계이며, 생존을 위한 불가피한 상황임을 또다시 강조하겠다. 두 번째 흥미로운 사실은 헥소겐이 여전히 의약품으로 사용되고 있으며, 메테나민methenamine이라는 이름으로 불린다는 것이다. 요로감염 치료제 중 메테나민히푸르산염Methenamine Hippurate이라는 성분이 쓰인 제품은 헥소겐과 히푸르산이 포함된 물질이다. 여기서 혼합물 분리에 성공한다면 RDX는 손아귀에 들어온 것이나 다름없다.

요로감염 치료제로 만든 새로운 물질이니 아마도 비슷한 효과를 얻으리라고 추정해 의료적 효과를 언급하며 특허가 출원되었지만 크게 관심받지는 못한다. RDX는 독성이 있는 물질이니 아마도 한두 차례 시도 후 여러 부작용으로 의약품에서 멀어졌을 것이다. 그리고 이번에도 20여 년이 지난 제1차 세계대전 중 폭발물로 특허가 출원되며 TNT의 자리를 위협한다. RDX가 적극적으로 사용된 것은 파괴력과 안정성, 두 마리 토끼를 동시에 잡을 수 있는 물질이었기 때문이다. 폭발의 기본 단위 TNT와 비교한다면 RDX는 중량 기준으로 TNT의 1.5배, 부피 기준으로는 무려 2배의 폭발 에너지를 갖는다. 두 물질의 구조를 나란히 놓고 살펴본다면 유사한 크기와 형태인데도 왜 폭발력이 50~100%나 차이가 나는지 궁금해진다.

화학물질의 구조와 구성에서 폭발력을 예상할 수 있으니, 질소 함량과 산소-탄소 비율이다. 폭발은 에너지 방출로 인한 고온과 함께 엄청난 양의 기체를 빠르게 생성해 충격파를 일으키는 것이다. 화학 분자에 포함된 연료인 탄소, 수소와 연소를 위한 산소의 비율이 폭발력과 관계된다. 이론상 분자 내의 산소가 연료와 완전히 반응해 이산화 탄소와 수증기를 모두 만드는 산소 평형oxygen balance이 0%에 가까울수록 강력한 폭발물이다.

TNT의 폭발: $2C_7H_5N_3O_6 \rightarrow 3N_2 + 5H_2O + 7CO + 7C$

RDX의 폭발: $C_3H_6N_6O_6 \rightarrow 3H_2O + 3CO + 3N_2$

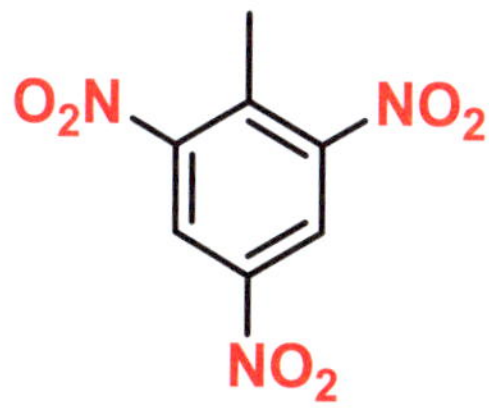

TNT

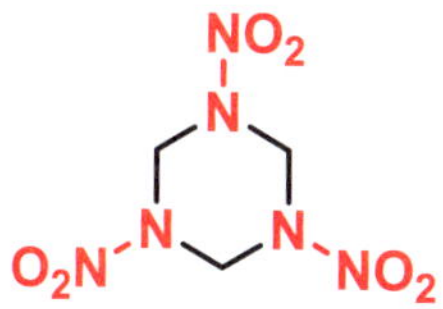

RDX

계산해보면 TNT의 산소 평형 비율은 완전 연소보다 −73.96% 부족하며, RDX는 −21.6%의 산소 비율을 갖는다.[7] 완전 연소와 멀찍이 떨어진 TNT의 폭발은 그을음과 거대한 검은 연기를 발생시킨다. 이와 달리 완전 연소에 조금 더 가까운 RDX는 그을음 발생이 적고 더 많은 에너지를 방출할 수 있다. 그 외에도 질소 함량이 더 높다는 점과 분자 구조가 약한 단일 결합들로 이루어진 RDX는 빠르게 분해되며 거대한 에너지를 내뿜는다. RDX는 그 자체로도 유용하지만, 진면목은 안정적인 무미 무취의 백색 가루 형태로 얻어져 다양한 형태로 가공 및 조합될 수 있다는 데 있다. 가장 유명한 RDX 활용 폭발물은 조성물 C의 네 번째 모델, 바로 플라스틱 폭탄 C-4다.

C-4는 블록버스터 액션 영화에 단골로 등장한다. 단단하게 닫힌 두꺼운 철문이나 금고의 안전장치를 강제로 열기 위해 범죄자 또는 특수부대원이 벽돌처럼 생긴 물체를 꺼내 붙

인다. 그리고 멀찌감치 떨어져서 전선을 통해 점화하면 거대한 폭발과 함께 봉인된 문이 온데간데없이 사라져 버린다. 친절하게 C-4를 설치하라는 상급자의 지시가 등장하기도 해서 잘은 몰라도 C-4라는 이름의 폭발물이 있음은 기억할 것이다. C-4의 주성분은 RDX로 무려 91%를 차지하며, 여기에 유연성을 늘리기 위한 가소제, 균일하게 혼합되도록 돕는 모터오일, 이들 모두를 하나로 엮어 결합하도록 돕는 바인더를 넣어 반죽해 만든다. C-4는 플라스틱 폭탄이라는 이름에 걸맞게 덩어리진 형태를 갖고 필요한 만큼 잘라 사용할 수도 있으며, 조물조물 반죽하면 원하는 형태로 빚어내거나 붙일 수도, 또 빈 곳에 채워 넣을 수도 있는 찰흙 같은 폭발물이다.

C-4를 사용한 가장 유명한 무기로는 M18A1 클레이모어 지뢰를 들 수 있다. 클레이모어는 대인용 지향성 산탄 지뢰로, 3mm 지름의 쇠구슬 700여 개를 한 번에 쏘아내는 무시무시한 무기다. 아무리 작아도 묵직한 쇠구슬이라서 700여 개를 한 번에 쏘아내는 것도 힘들 텐데, 살상력까지 있어야 하니 매우 강한 에너지가 필요하다. 강력하지만 불안정하다면 뇌산 은으로 만든 콩알탄처럼 작은 충격에 기폭해 주위 모두에게 쇠구슬이 쏟아지는 재앙이 될 수 있으니 안정함도 필수다. 마치 '500원짜리 바닷가재'나 '건강에 좋은 담배' 같은 부조리한 요건인데,

RDX는 이를 가능케 한다.

RDX를 이용해 수많은 폭발물이 제조되는데, 이미 C-4라는 단어에서 어딘가 애매한 알파벳과 숫자의 조합이 느껴진다. 조성물 A는 RDX와 왁스의 조합으로, 조성물 B는 RDX와 TNT를 혼합해 만들어진다. 조성물 C 역시 C-1부터 시작하는데, 다양한 조합에서 만들어진 후보군인 셈이다. C-1은 RDX와 비폭발성 가소제의 조합으로 시작되었는데, 온도에 따라 물성이 크게 달라지는 문제점이 있었다. 엿처럼 저온에서는 부서지고 고온에서는 끈적하게 녹아 흘러내리니 사용하기가 어려웠다. 이러한 단점을 보완하려고 개발된 것이 C-2였다. C-2는 가소제의 종류와 양을 바꿔 넓은 온도 범위에서 사용할 수 있게 되었지만, 폭발력에서 아쉬움이 남았다. C-3는 RDX의 함량을 더 높이려는 시도와 함께, 투입되는 가소제 자체를 폭발물로 교체한다. 그리고 폭발력과 안정성, 편리함 모두를 달성한 것이 현재 널리 사용되는 C-4다.

폭발한다는 불안감을 제외하면 RDX를 연료로 볼 수도 있다. RDX로 이루어진 C-4는 워낙 안정해 기폭장치 없이는 연료와 다르지 않다. 그렇다면 C-4를 연료로 사용하는 상황도 충분히 가능하지 않을까? 물론 실제 사용 기록이 있다. 과거 베트남 전쟁 등에서 군인들은 C-4를 음식을 데우는 연료로 자주 사용했다. 하지만 중요한 문제가 있었으니, RDX가 무미 무취지만 무독성은 아니라는 점이다. 칼로 C-4를 잘라 불을 붙인 후, 그 칼로 음식을 휘저어 섞으며 가열하는 과정에서 음식과 함께 섭취되기도 했다. 그러면 곧바로 메스꺼움과 구토, 발작, 혼란, 기억상실과 같은 증상을 보였다. RDX의 독성으로 제조 공장에서 사망자가 발생하기도 했으며, 뇌 손상을 유발한 사례도 있다.

그런 와중에 살충제로 쓰이기도 했던 이것을 일부러 먹은 사람도 있었다. C-4의 겉에는 '불태우면 독성 기체가 발생한다'는 문구와 함께 '독성이 있으니 먹지 말라'는 경고가 쓰여 있다. 먹었을 때 즐거움을 주는 것들 대부분은 피해를 유발한다. 술이나 설탕, 정제 과당, 니코틴, 트랜스 지방, 맵고 짜고 단 것 모두 몸을 파괴한다. 호기심에 C-4 한 입 정도는 먹어도 괜찮지 않을까 싶기도 하지만, 여기서 나누는 이야기만으로 대리만족하고 만약 어디선가 유실된 C-4를 발견한다면 맛보지 말고 인근 군부대에 신고하길 바란다.

들뜬 채 술에 관한 이야기를 나눴던 것을 기억한다면(어른의 취향 시리즈 1권을 참고하라) 쉽게 이해할 수 있다. 섭취된 술은 신경세포의 $GABA_A$ 수용체에 결합해 차분해지고 기분이 가라앉고 취해가는 현상을 일으킨다. $GABA_A$ 수용체는 에탄올을 위해 설계된 것이 아니어서 다양한 약물이나 독소와도 반응할 수 있다. RDX의 원료였던 헥사민이나 이와 유사한 물질들이 $GABA_A$에 결합해 증상을 유발할 수 있고, 에탄올과 같은 방식으로 취한 듯한 느낌을 받는다. 문제는 가벼운 음주로 기분 좋은 상태를 느끼기보다는 숙취 증상이 심하게 나타난다는 것인데, 몇 가지 보고된 사례가 있다. 각설탕 크기로 자른 C-4를 먹으면 2시간 안에 심한 어지럼증과 두통을 느끼며, 4시간이 지나면서부터는 구토와 발작, 기절을 이어가다 병원에 실려 간다. 과거 세계대전 당시에는 알코올성 고혈압과 중독 증상을 이용해 덜 위험한 후방 전선으로 빠지려고 RDX를 먹은 사람들도 있었다고 전해진다.

우연의 선물, HMX

조금 전까지 RDX를 소개하며 재료가 되는 헥사민(메테나민)의 합성이 폼알데하이드와 암모니아로 가능하다고 이야기했으나, 그 이후의 과정을 상세히 말하지는 못했다. 이제 와서 문제가 될까 봐 겁먹은 것 같다면, "아니, 그럴 리가!"라 답하겠다. 우리는 RDX의 합성 과정을 바탕으로 더욱 짜릿한 새로운 폭발물을 이야기해야 하니 잠시 미뤄뒀던 것뿐이다. RDX의 화학 구조를 다시 육각형이라는 모양을 떠나 대칭성을 기준으로 살펴본다면, 똑같은 3개의 단위가 고리 형태로 연결된 모습임을 알 수 있다. 그렇다면 혹시 한 조각 더해서 팔각형을 만들면 어떨까.

설명만 보면 RDX의 합성이 간단해 보이지만, 생각보다 다루기 어려운 물질이 포함되어 있다. 우선 대중에게 공개된 방식을 따르면 헥사민과 진한 질산을 혼합함으로써 간단히 완료된다. 혹시 모를 안전사고를 대비해 정보를 추가하자면 온도에 주의하라. 합성할 때는 15℃ 이하의 낮은 온도를 유지해야 하며, 반응이 끝난 후 차가운 물에 부어주면 물에 녹지 않는 RDX가 가루 형태로 석출되니 이를 모아 건조하면 완료된다. 문제는 진한 질산인데, 정확히는 '백연 질산'이라는 정말 진한 질산이 사용되어야 한다.

일반적인 시약 형태의 산업용 진한 질산은 우리가 만들었던 방식과 마찬가지로 합성되고, 가열한 뒤 농축해 최대한 높은 농도로 판매된다. 하지만 질산과 물이 일정한 비율이 되는 순간 끓는점이 같아지며 더는 분리되지 않는다. 그래서 약 68%의 이 질산을 충분히 농축했다는 의미에서 진한 질산이라 부르는 게 일반적이다. 백연 질산은 이보다 조금 더 진한 질산으로, 이름 그대로 하얀색 연기가 나는 질산이다. 물이 사실상 포함되지 않은 무수 질산으로, 질산이 98.0~99.9%인 물질이다.[8]

하얀색 연기의 정체는 미세한 질산 방울이다. 너무나 불안정한 고농축 질산은 시약병이 열리자마자 공기 속 미량의 수증기에 의해 분해되기 시작하는데, 이때 질산 방울이 발생하며 안개처럼 하얗게 퍼져 나간다. 물론 곧장 분해되며 황갈색의 이산화 질소가 만들어져 보기만 해도 몸이 녹아내릴 것 같은 증기가 차오르기 시작한다.

백연 질산을 구해 실험해보려는 생각은 되도록 자제하자. 불안정한 물질이라 계속해서 기화되기 때문에 최소한 2배 용량의 두꺼운 갈색 유리병에 보관해야 한다. 여러분에게 500mL의 백연 질산이 있다면 최소한 1L 용기에는 넣어둬야 사고가 나지 않는다는 의미다. 하지만 한 방울씩 떨어지는 물방울로도 그릇이 가득 차게 되는 것처럼, 적어도 한 달에 한 번은 밀봉을 열어 내부에 가득 찬 압력을 해소해야만 폭발하지 않는다(필자도 이런 피곤한 물질은 되도록 실험실에 비치하거나 사용하지 않는다).

바로 이 백연 질산을 사용해야 하며, 순도나 농도가 낮은 질산을 사용하면 불순물이 많이 생겨서 질 좋은 RDX를 얻기 힘들다. 이러한 어려움을 해결하고자 1941년 미국 국방연구위원회가 유기화학자 베르너 에마누엘 바흐만Werner Emmanuel Bachmann에게 새로운 공정 개발을 의뢰하며 바흐만 공정이 등장한다.

바흐만 공정에서는 일반적인 진한 질산을 사용할 수 있는데, 질산 암모늄과 무수 아세트산을 추가로 사용하는 방식이다. 넣어주는 양과 순서가 매우 중요한데, 책의 여백은 많지만 그 과정을 모두 적지는 않겠다. 재미있는 점은 바흐만 공정에서도 여전히 10% 내외의 불순물이 만들어진다는 것과, 불순물을 따로 분리해 분석하니 RDX보다 녹는점이 훨씬 높은 미지의 물질이었다는 부분이다.

초기에는 단순히 불순물로 여겨져 발생을 줄여야만 하는 골칫덩이였지만, 조금 더 깊이 실험해보니 오히려 RDX보다 강력한 고폭약임이 드러난다. TNT의 폭발 속도는 약 6,900m/s이고 RDX는 더욱 빠른 8,640m/s인데, 불순물은 무려 9,100m/s의 매력적인 위력을 보인다. 녹는점이 높다는 특징 때문에 고용점 폭발물High-Melting Explosive, HMX이라는 이름이 붙여진다. 강력한 HMX는 어뢰, 기뢰, 폭뢰나 성형 작약 관통탄을 비롯해 유용하게 사용되지만, 그보다 더 파괴적인 폭발로 이어지는 연결고리로 사용되곤 했다. 바로 플루토늄Pu이나 우라늄U 같은 핵물질의 임계 질량 돌파를 위해 정밀한 충격파로 압축시키는 '핵무기 기폭장치'의 핵심이다.

자연스레 우리의 다음 이야기는 화학자들의 전쟁을 넘어 물리학자들의 전쟁이라 불리던 제2차 세계대전의 핵무기로 옮

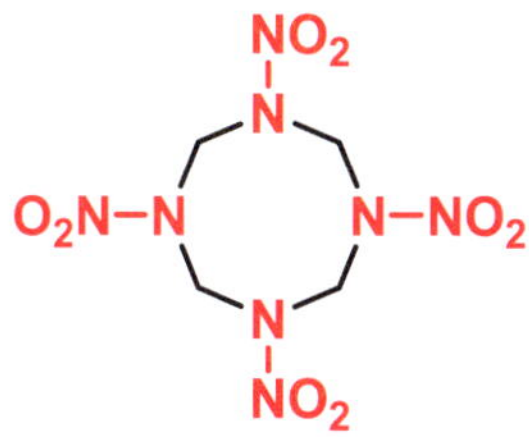

HMX

겨갈 수 있겠다. 더 강한 폭발을 향한 이 과학의 흐름에서 화학자가 존재 가치를 주장하는 소리가 작아지는 것처럼 느껴질 수 있겠지만, 전혀 그렇지 않다. 핵분열은 물리학적 원리일 뿐, 화학의 문을 통과하지 않고는 그 모든 것을 현실로 가져오기가 불가능하기 때문이다.

멸망을 대비하는 생활 화학 제조법

1단계 비상용 뇌산 수은 제조

뇌산 수은의 매력은 드라마 〈브레이킹 배드〉에서 제대로 느낄 수 있다. 시즌 1의 6화인 '역할 분담Crazy Handful of Nothing'에서[9] 뇌산 수은 결정을 바닥에 집어 던지며 엄청난 폭발을 일으켜 사무실을 박살 내는 장면을 본다면, 누구나 저 미지의 물질을 만들어 던져보고 싶다는 충동에 사로잡힐 수밖에 없을 것이다. 정신을 차려보니 필자는 이미 뇌산 수은 합성법을 조사하고 있었다.

뇌산 수은을 이루는 원소는 수은, 탄소, 산소, 질소가 전부다. 가장 안정한 방법은 진한 질산에 수은을 넣고 가열해 질산 수은 $Hg(NO_3)_2$으로 변환한다. 여기 에탄올을 조금씩 더하면 용액 색상이 점차 변하며 바닥에 회색 결정이 가라앉기 시작한다. 그 침전물이 바로 뇌산 수은이며, 물로 잘 씻어 말리면 완성된다. 아마 이 과정까지 해본 경험이 있는 사람이라면 드라마 속에서 투척하는 결정이 얼마나 허무맹랑한지 느낄 것이다. 불안정한 물질로 커다란 결정을 만든다는 것은 강가에서 동그랗게 깎인 돌을 주워 탑을 쌓아 올리는 것과 같으며, 들고 운반해 원하는 곳에 던져 폭발시키는 것은 겨우겨우 만든 10층 돌탑을 그대로 들어 올려 무너지지 않게 운반해 침대 위 옆자리에 세워두고 나란히 눕는 것과 같을 정도로 어려운 일이다.

2단계 길에서 주운 C-4에서 RDX 분리하기

세상이 멸망했다. 그리고 운 좋게도 파괴된 인근 부대에서 빗물에 쓸려 내려온 C-4를 발견했다. 아뿔싸, 우린 아직 기폭장치 설계까지는 배우지 못했으니 어쩔 수 없이 RDX를 추출해 더 소중하게 사용하는 방식을 선택하려 한다. 가만히 생각해보니 이것도 폭발물 제조로 구분될지 법적인 기준이 궁금해졌다. 완성된 C-4를 분리해 화학 성분으로 나누는 것이니 폭발물 해체로 보는 게 옳지 않을까?

여하튼 우리에게 필요한 것은 약간의 휘발유와 유리병 2개 정도, 고체를 걸러내는 데 쓸 종이 행주, 나무막대와 고무줄 정도가 전부다. 먼저 유리병에 C-4를 넣고 휘발유를 부어주자. 15g 정도의 C-4라면 휘발유 240mL 정도면 딱 좋다. 혼합물을 휘저으면 바인더와 모터오일 등이 녹으며 C-4가 작은 알갱이로 분해되기 시작하는데, 30분가량 놓아두면 하얀색 가루가 유리병 바닥에 쌓여가는 것을 관찰할 수 있다. RDX는 극성 분자로 비극성 용매에는 잘 녹지 않는데, 특히 휘발유 같은 탄화수소에는 거의 녹지 않아 고체로 분리되기 때문이다. 간단히 종이 행주로 걸러낸 후 휘발유로 한 번 더 씻어주고 말리면 완성이다. 남겨진 휘발유에는 C-4를 구성하던 다른 유기물 등이 녹아 있으니 불태워 연료로 사용하는 것도 나쁘지 않다. 참고로 RDX는 물에도 거의 녹지 않으니 습기 문제를 너무 걱정하지 않고 보관할 수 있다.

3단계 좀비에게 대항하기 위한 C-4 제조법

C-4의 재료가 생각보다 간단해 보이지만, 가소제와 바인더 등을 어떻게 조달해야 할지 걱정된다면 이번 정보에 주목하자. 먼저 일반적인 C-4의 조성을 다시 정리해보자. 91%가 RDX로 주 장약에 해당하며, 플라스틱화를 일으키는 가소제로는 다이옥틸 세바스산dioctyl sebacate나 다이옥틸 아디프산dioctyl adipate이 5.3% 들어간다. 이들을 결합하는 바인더로는 합성 고무인 폴리아이소뷰틸렌polyisobutylene이 2.1% 혼합되고, 마지막으로 배합과 품질 유지 역할의 윤활유로 미네랄오일이나 모터오일 등이 1.6% 조합된다.

재료만 있다면 두려울 것이 무엇이랴. 간단히 스테인리스 용기에 모두 올바른 양으로 쏟아부은 후 고르게 섞으면 된다. 물론 걸쭉한 형태를 고르게 섞어 점토처럼 만들려면 꽤 열심히 뒤섞어야 한다. 이후 쟁반에 넓게 펴 50~60℃ 정도의 온도로 하루 정도 말려서 남은 수분을 제거하면 플라스틱 폭탄이 완성된다.

간단히 생각해 RDX와 가소제, 바인더, 오일만 어떻게든 구하면

되니 일상에서도 재료들을 준비할 수 있다. 가소제로 적당한 것은 식물성 기름이다. 콩기름이나 카놀라유, 해바라기유, 올리브유 등은 모두 가소제로의 가능성이 높으며, 대두유의 구조를 살짝 변형한 에폭시화 대두유ESBO는 폴리염화비닐PVC을 비롯한 플라스틱의 제조에 가소제로 실제 사용된다. 불순물이 섞였을 수 있으니 커피 여과지 등으로 한 번 걸러 사용하면 더욱 좋다. 그 외에도 화장품으로 사용되는 글리세린이나 보습제로 쓰이는 바셀린도 좋다.

바인더는 합성 고무라는 기억을 되살린다면 생각보다 구하기 쉬워진다. 폐타이어나 고무 제품을 넣거나 욕실 누수 차단이나 유리창 결착에 쓰이는 실리콘 실란트를 칼로 긁어내 사용해도 매우 좋다. 원리만 고려한다면 접착제나 왁스도 가능하다. 개인적으로 추천하는 또 다른 물질은 바로 풍선껌이다. 껌은 합성 고무가 사용되니 마음을 추스를 겸 씹어 단맛을 즐긴 후 뱉어 넣어 나의 타액이 첨가된 C-4를 만든다면 더 의미 있지 않을까?

4초 전

핵무기와 죽음의 진화

나는 이제 죽음이요,
세상의 파괴자가 되었도다.

—J. R. 오펜하이머[1]

원자폭탄을 발명한 오펜하이머가 남긴 말이다. 압도적인 힘이 느껴지며, 듣기만 해도 매력적인 문장이다. 화약의 탄생부터 인간은 어떻게 하면 상대보다 압도적인 힘을 가질 수 있을지 고민해왔다. 나에게 주어진다면 그 무엇보다 든든하고, 적에게 부여되면 절망적이다. 그리고 둘 다 갖게 되는 순간 선불리 싸움을 시작할 수 없는 힘. 좋게 표현하면 전쟁억제력이며 현실적으로는 상호확증파괴다. 판옥선 사이의 철갑선이나 보병 위의 폭격기처럼 상대적으로 압도적인 전력을 보이는 상황은 전장에 따라 종종 등장했지만, 가장 압도적인 힘을 선보인 것은 원자핵의 분열에서 시작되는 거대한 에너지의 파도인 원자폭탄이었다.

맨해튼 프로젝트

원자폭탄은 왠지 친근하다. 역사적으로는 두 발의 원자폭탄 투하로 기나긴 일제 강점기에서 벗어나 광복을 맞이하는 결정적인 순간이 다가왔고, 지정학적으로는 분단되어 휴전선을 마주한 조선민주주의인민공화국의 잠재적 불안 요소로 발에 박힌 가시처럼 계속해서 체감된다. 그뿐만 아니라 문화적으로 2023년 개봉했던 영화 〈오펜하이머〉를 통해 개발 과정에 대한 서사까지 흥미롭게 풀어주니 익숙한 것도 당연하다.

1945년 8월 6일 거대한 버섯구름 아래에서 도시 하나가 무너지는 순간, '리틀보이'라는 귀여운 이름의 폭탄은 수많은 생명을 앗아간다. 프로메테우스가 첫 번째 불을 인류에게 쥐여줬다면, 제2의 불이라 불리는 원자력을 인류는 스스로 손에 넣는다. 그렇게 인류가 스스로를 멸망시킬 수 있는 핵무기 시대가 화려하게 펼쳐진다.

앞에서 TNT를 기준으로 폭발물의 세기를 비교해보았지만, 원자폭탄의 규모와 위력은 어떻게 표현해야 할지 망설여진다. 리틀보이는 총 4.5톤의 무게로 무려 TNT 1만 5,000톤에 맞먹는 위력을 보였다. 물론 TNT와 비교하면 0.03%에 불과한 질량이지만, 이마저도 대부분 원자폭탄의 형태를 구성하는 물질들이며 핵심적인 고농축 우라늄-235는 64kg뿐이었다. 그렇다고 64kg의 우라늄이 석탄이 불타오르듯 모조리 우당탕 핵분열하며 에너지를 방출한 것도 아니다. 이 중 핵분열에 참여한 우라늄은 0.7kg, 즉 700g에 불과하다. 이조차도 참여한 것이지 반응한 것은 아니다. 축구 경기에 참여하는 선수는 양 팀 합쳐 22명 이상이지만, 실제로 골을 넣는 데 성공하는 인원은 몇 안 되는 것과 다름없다. 리틀보이의 우라늄 중 단 0.6g만이 핵분열을 통해 소멸하며 파괴적인 에너지를 방출했다. 다시 한번 환산한다면 0.6g이 1만 5,000톤의 TNT와 비견될 정도이니 원자폭탄의 혁신적인 위력을 체감할 수 있다.

만약 직접 계산해보면 수치가 미묘하게 다르다. 0.6g의 질량 손실은 아인슈타인의 질량-에너지 등가 공식($E=mc^2$)에 의해 5.4×10^{13}J의 에너지로 계산되며, TNT의 기준 에너지를 kg당 4,184kJ로 고려하면 1만 5,000톤은 6.276×10^{13}J이 된다. 이대로면 0.6g의 우라늄 질량 손실은 약 1만 2,900톤의 TNT와 같다. 물론 실제 상황에서는 여러 요인이 작용하니 정확히 측정하기는 어렵지만, 미세한 질량 소멸이 얼마나 큰 에너지로 변환되는지 느껴볼 수 있다.

흔히 다양한 폭발물과 화학무기가 전장을 뒤덮었던 제1차 세계대전은 화학자들의 전쟁이라 불린다. 흑색화약 등 질소 기반 폭발물을 만들 초석의 수급을 점유하거나 차단하려고 육로와 해로를 봉쇄하며 치열한 싸움이 이어졌고, 전차를 움직일 화석 연료의 확보도 채굴할 수 있는 지역이 한정되어서 골칫거리였기 때문이다. 그런데 독일의 프리츠 하버Fritz Haber를 필두로 한 화학 황금세대의 활약으로 공기의 대부분을 차지하지만 너무나 안정해 활용이 어려웠던 질소를 전쟁에 쓸 폭발물뿐 아니라 앞으로 시작될 대규모 농업 혁명의 기반이 될 화학 비료의 생산에 사용하는 것이 가능해진다. 비교적 풍부했던 석탄을 석유로 대체하거나 연소에서 발생하는 일산화 탄소를 직접 휘발유로 바꾸는 기적과도 같은 피셔-트롭슈 공정이 개발되는 것도 이 무렵이다. 조용하고 빠르게 생명을 지우는 화학무기의 개발은 적을 향해 달려드는 보병에게 공포가 되었고, 비극적인 이후의 학살에도 사용된다. 모두 화학의 업적 아닌 업적이다.

이와 달리 원자폭탄이 등장하는 제2차 세계대전은 물리학자들의 전쟁이라 불린다. 원자는 화학에서 다루는 가장 작은 물질의 단위인 만큼 여전히 화학적 영역에서 중요하지만, 녹이고 끓이고 붙이고 잘라내는 화학 반응은 원자라는 과일 속

중앙에 단단히 뭉쳐 있는 씨앗과도 같은 핵을 변화시킬 수는 없다. 화학의 가장 작은 경계선이 원자가 속한 나노미터nm 세계라 이야기하는 것처럼, 핵분열은 오롯이 물리적인 작용의 결과라는 점에 모두가 수긍한다.

영화 〈오펜하이머〉를 즐긴 독자라면, 영화 초반에 독일에서 핵분열에 성공했다는 속보를 둘러싸고 과학자들이 경악과 긴장, 서둘러 독일의 기술력을 압도해야 한다는 사명을 보이는 장면을 기억할 것이다. 1938년 독일의 과학자 오토 한Otto Hahn과 프리츠 슈트라스만Fritz Strassmann은 우라늄 원자에 중성자를 충돌시켜 핵분열을 유도하는 데 성공한다. 이 시점부터 무대의 주인공은 물리학자들로 채워지는 듯싶지만, 그 시작과 끝은 여전히 보이지 않는 화학자들과 화학 기업들의 헌신적인 노력 위에 지탱된다. 핵분열을 발견한 오토 한은 카이저 빌헬름 방사화학부에서 연구하던 책임자로 화학자였다. 그것도 가장 관련 없을 것처럼 보이는 유기화학 전공자로, 그의 박사학위 주제는 〈아이소유제놀의 브로민 유도체에 관해On Bromine Derivatives of Isoeugenol〉이기까지 하다. 그는 제1차 세계대전에서도 프리츠 하버가 이끄는 화학전 부대에 속해 활약하며, 염소 가스Cl_2가 사용된 것으로 유명한 이프르 전투에서도 활약해 2급 철십자 훈장을 받기도 한다. 그가 핵분열 발견으로 1944년 노벨 화학상을 받았다는 사실만으로도 핵분열이 화학 분야에서 이루어진 아름다운 업적이라 이야기하는 데 어려움이 없다.

세계대전의 암운이 드리워질수록 거대한 에너지의 핵분열이 군사적 목적으로 쓰이게 될까 우려하는 목소리가 커지는 동시에 이 압도적인 힘을 먼저 손에 넣으려는 경주가 시작된다. 독일보다 먼저 핵무기를 개발하려고 1942년 미국의 프랭클린 루스벨트 대통령이 그 유명한 '맨해튼 프로젝트'를 승인하며 사상 최대 규모의 비밀 군사 프로젝트에 시동이 걸린다. 참여 인력만 수십만 명이며, 과학자와 기술자, 군인 등 모든 분야의 인력이 총동원된다. 최정예 물리학자들의 이론과 계산이 용광로처럼 끓어오르는 동안 이를 현실로 가져오는 것은 화학자들의 몫이었다.

맨해튼 프로젝트의 상세한 진행 과정은 영화나 책 등으로 다양하게 알려져 있으니 관심 있다면 찾아보기 바란다. 우리는 논제를 벗어나지 말고 어떻게 하면 핵무기 혹은 원자로를 만들 수 있을지에 대한 지식만 더 깊이 나눠보자. 물론 빠르게 달리는 법을 공부한다고 누구나 세계기록을 세울 수는 없듯, 핵무기 제조법을 알아도 직접 부엌에서 만들기는 불가능하겠지만, 혹시 아는가? 이 지식으로 언젠가 우리가 오펜하이머처럼 '죽음이요, 세상의 파괴자가 되었노라' 멋지게 선언하는 날이 다가올지!

원자폭탄의 원료는 크게 두 가지다. 바로 우라늄과 플루토늄. 먼저 시도된 것은 우라늄이었으며, 당시 지구에서 충분히 확보할 수 있는 마지막 자연 원소였기 때문이다.[2] 문제는 우라늄 광석에 함유된 우라늄 중 핵분열이 가능한 우라늄-235는 단 0.7%였으며, 그 외는 연쇄적인 핵분열을 일으킬 수 없는 우라늄-238이라는 조금 더 무거운 동위원소로 구성되었다는 점이다. 자연에서 우라늄 광석을 캐내 그중 우라늄-235만 뽑아내는 것은 순수한 금을 캐내는 것보다 훨씬 도전적인 작업이었다. 화학적인 성질이 같고 질량만 아주 약간 다를 뿐이어서 원하는 대로 분리하기가 어렵다. 종종 두뇌 테스트 퀴즈에 등장하는 완벽히 똑같이 생긴 구슬 10개 중 무게가 다른 1개를 몇 번의 저울 측정으로 찾아내는 문제와 같다. 다만 이번에는 143개의 구슬 중 아주 미세하게 가벼운 1개의 구슬을 찾아야 한다(약 0.7%의 확률이다)는 것이고, 그 작업을 우주의 모든 별 개수보다도 더 많이 반복해야 한다는 절대 사소하지 않은 문제가 함께한다.

오랜 연구 끝에 같은 힘으로 던져도 무거운 공은 느리게 움직이고 가벼운 공은 더 빠르게 움직이듯, 두 종류의 우라늄이 날아다니는 속도를 활용한 확산으로 여러 번 반복해 가벼운 우라늄-235만 농축하는 데 성공한다. 하지만 우라늄은 매우 무거운 원소여서 자유롭게 기체가 되어 날아다니는 모습은 상상되지 않는다. 그게 가능했다면 우라늄보다 가벼운 철, 금, 구리, 은 무엇이든 기체로 모아 분리할 수 있었을 것이다. 이 과정에서 육플루오린화 우라늄(UF_6)이라는 휘발성 화합물로 바꾸는 복잡한 화학적 공정이 개발된다.

마침내 1945년 7월 16일, 미국 뉴멕시코주의 사막에서 인류 최초의 핵실험인 트리니티 실험이 성공한다. 그리고 약 한 달 뒤, 히로시마와 나가사키에 원자폭탄이 투하되면서 전쟁은 끝난다. 그리고 인류는 돌이킬 수 없는 핵무기 시대의 문을 열게 된다.

임계 질량

우라늄이 준비되었다고 해서 원자폭탄이 완성되지는 않는다. 대부분의 폭발물처럼 불을 붙이거나 다른 기폭약을 사용하고, 혹은 전기 스파크로 순간적인 고온을 만들어내는 방식으로 터지는 것과는 다르다. 우라늄을 모아두고 심지를 연결해 불을 붙이는 장면은 왠지 허술해 보이지 않는가. 핵분열로 인한 폭발 역시 연쇄 반응이다. 세상의 모든 거대한 에너지는 연쇄를 통해 이루어진다. 산꼭대기에서 굴러떨어지는 돌이나 눈이 거대한 산사태를 만들고, 만원 전철에서 넘어지는 한 사람이 모두를 쓰러지게 만든다. 물질이 불에 타는 것도 고온에서 끊임없이 산소와 결합하는 연쇄 반응이며, 폭발은 연쇄적인 연소가 빠르게 작용한 결과다. 핵분열은 방출되는 중성자가 근처의 다른 우라늄과 충돌해 연쇄적인 분열을 일으킬 수 있는가에 따라 가벼운 분열일지 거대한 폭발일지 좌우된다. 우라늄이 적다면 방출되는 중성자가 외부로 빠져나가 평화롭게 마무리되지만, 우라늄의 양이 충분해서 주위가 온통 우라늄으로 가득해 부딪히기 쉽다면 핵폭발이 발생한다. 양이 충분한가의 기준을 임계 질량critical mass이라 부르며, 원하는 순간에 이 임계점을 넘어설 수 있도록 만들면 폭발 시점을 제어할 수 있다.

처음부터 임계 질량을 넘긴 채 제조한다면 아마 사용하기도 전에 모든 것이 방사성 낙진과 파편 속에서 지워질 것이다. 임계 질량보다 가벼운 조각 두 개로 만들어 폭발이 필요한 순간 강하게 충돌해 한 덩이로 합친다면 어떨까. 이 간단한 원리를 구현하려면 우라늄 덩어리를 폭탄 내부에서 쏘아낼 또 다른 강력한 에너지가 필요하다. 정제된 우라늄 역시 금속이므로 단순히 충돌했다고 완전한 한 덩어리가 될 리 만무하다. 서로 부딪힌 쇠구슬처럼 내부에서 팅팅 소리를 내다 잠잠해질 테니. 빠르고 강력하게 수십 킬로그램의 금속 조각을 쏘아내 찰흙처럼 합치는 데 필요한 것, 바로 고폭약이 다시금 등장한다. 리틀보이는 총신처럼 하나의 우라늄 덩이를 직선으로 쏘아내 반대편의 우라늄과 결합하는 포신형gun-type 구조였으며, 총알처럼 쏘아낸다는 구성에서 떠올릴 수 있듯 재래식 무연화약인 코다이트를 사용했다. 실크로 포장된 원통 모양의 코다이트 주머니 4개가 타오르며 우라늄을 밀어냈고, 대포 포탄을 밀어내는 데 사용되던 양 정도가 쓰였다.

두 번째 원자폭탄이자 나가사키에 투하된 팻맨은 단순히 조금 더 커다란 원자폭탄이 아니다. 팻맨은 우라늄 대신 플루토늄을 사용했다. 이제는 원자력 발전소에서 배출되는 핵폐기물에서 플루토늄을 손쉽게 분리할 수 있지만, 당시는 핵반응의 싹이 트던 시기여서 복잡한 과정을 거쳐 만들어야만 했다. 핵연료로 가치가 없던 우라늄-238에 중성자를 쏘아 넵투늄Np으로 만들고, 이어서 플루토늄으로 변환하는 연쇄 반응이 필요했다. 반면에 장점도 있었다. 플루토늄의 임계 질량은 단 10kg에 불과하며, 팻맨에는 이보다도 적은 6.1kg의 플루토늄만 투입되었다. 임계보다 적은 질량으로 핵분열이 가능했던 것 역시 고폭약 덕분이다.

팻맨은 고폭약 폭발로 인한 압력 증가로 밀도를 높여 임계 질량을 낮추는 내폭형implosion-type으로 구동되었는데, 앞서 소개한 RDX 기반의 조성물 B, 그리고 TNT와 질산 바륨$Ba(NO_3)_2$으로 이루어진 바라톨Baratol이라는 느리게 폭발하는 물질이 사용되었다.[3] 느린 폭약은 바깥쪽에서 충격파의 속도를 조절하는 역할을 하며, 빠른 폭약은 안쪽에서 충격파를 일으켜 강한 압력을 발생시킨다. 이 두 폭발물은 쐐기 모양의 렌즈 형태로 배열되어 폭축 렌즈explosive lens라 불린다. 이 렌즈의 목적은 단 하나다. 폭발 에너지를 한 점으로 집중시키는 것. 방향성 없이 사방으로 퍼지는 폭발을 한 점으로 모아주는 것이 어떻게 해서 가능할까?

렌즈라는 단어에서 실마리를 찾을 수 있다. 돋보기의 볼록렌즈로 빛을 모으듯 폭발 에너지를 정밀하게 짜인 렌즈 효과로 제어하는 것이다. 느린 폭약은 빛이 유리 렌즈를 통과할 때 굴절률 차이에 의해 속도가 잠시 느려지는 것처럼 충격파의 속도를 늦추는 역할을 하며, 빠른 폭약은 렌즈 밖으로 나온 빛의 속도가 다시 빨라지듯 충격파가 빠르게 퍼져나가도록 하는 역할이다. 쐐기, 고깔, 원뿔 등 다양한 표현이 가능한 형태로 만들어지는 렌즈들이 총 32개가 사용되었으며, 육각형과 오각형 모양으로 제작되어 중앙에 플루토늄을 놓고 조립했다. 오각형과 육각형의 32개 조각으로 이루어진 대칭적인 형태라는 말에서 특별한 모양이 떠오른다. 바로 12개의 정오각형과 20개의 정육각형으로 이루어진, 깎은 정이십면체 형태의 물체인 축구공이다. 인류 역사상 마지막으로 실전에 사용된 원자폭탄은 폭약으로 조립된 죽음의 축구공이었다. 이 절묘하고도 복잡한 방법을 만든 사람은 도대체 얼마나 천재일까 싶겠지만, 정확한 예상이다. 바로 존 폰 노이만John von Neumann이었다.[4]

단순히 원자폭탄이 발사 후 어딘가 부딪히며 거대한 버섯구름을 만든다고 생각해왔다면, 이제 임계 질량이라는 중요한 요건을 달성하려고 화학적 에너지의 원천이 될 폭발물이 사용되었다는 것까지 이해를 넓히게 됐다. 비로소 인간이 만든 가장 거대한 폭발을 절반쯤 이해한 것이다. 완벽한 비공식 전문가가 되려면 요리에 넣는 약간의 조미료처럼 흥미로운 화학원소 두 가지가 추가되었다는 비밀을 알아야 한다. 플루토늄이나 우라늄과는 비교되지 않을 가장 위험한 방사성 원소이자 가장 가벼우면서도 단단한 우주 최강의 경금속이다.

강력한 핵분열은 중성자에서 시작되어 중성자로 이어지는 폭포수 같은 연쇄 반응의 결과다. 말인즉슨 어딘가에서 충분한 양의 중성자가 만들어져야만 첫걸음을 디딜 수 있다는 뜻이다. 이러한 방식을 중성자 점화기라 부른다. 플루토늄 덩어리의 내부에는 작은 점화기가 담겨 있다. 점화기 내부에는 마리 퀴리Marie Curie와 피에르 퀴리Pierre Curie 부부가 우라늄 광석 연구에서 발견한 방사성 원소 폴로늄Po 금속이 약 6g 정도 담겼고, 그 겉을 감싼 것은 원자번호 4번으로 매우 가볍지만 강해서 우주 망원경 반사판의 재료로 사용되는 달콤한 맹독성 원소인 베릴륨Be이었다.[5]

폴로늄은 알파 입자를 방출하는 방사성 물질이다.[6] 폭축 렌즈로 강하게 압축되며, 폴로늄과 베릴륨이 뒤섞이면 폴로늄에서 방출되는 알파 입자가 베릴륨 원자핵과 부딪히며 핵반응에 의해 드디어 중성자가 튀어나와 점화가 시작된다. 이 정도면 가장 초기의 원자폭탄이더라도 핵분열이라는 당시의 첨단 기술 너머에 얼마나 아름다운 화학적 조합이 함께하는지 느껴진다. 우라늄의 분리와 플루토늄의 생산, TNT와 RDX, 질산 바륨의 조합, 베릴륨으로 감싼 폴로늄의 기폭.

원자폭탄은 물리적 지식으로 단독 작동하는 무기가 아니다. 정밀하게 제어된 고폭약이라는 기존의 재래식 폭발물과 또 다른 원소의 중성자 점화로 비로소 완성되는 복합적인 무기 시스템이다. 즉, 핵무기의 시대가 열린 것은 화학이 새로운 차원의 파괴력을 가진 무기를 만드는 데 필수적인 역할을 했기 때문이라 해도 틀리지 않는다.

더러운 폭탄

단순히 폭발만 본다면 핵무기는 깨끗하다. 연료의 불완전 연소로 새카만 연기를 끝없이 뿜어내는 네이팜 등의 인화 무기와도, 미세한 입자로 새하얗게 시야를 차단하고야 마는 흑색화약과도, 깔끔해진다지만 여전히 산소 공급이 부족한 TNT나 RDX와도 다르다. 질량의 일부가 소실되어 에너지로 변환되는 과정은 우주에서 존재를 지우개로 지워내는 것처럼 명료하고 깔끔하다. 이는 산소와 만나 새로운 물질을 만들 이유도, 매연과 재를 남길 이유도 없는 깨끗한 폭발이다.

하지만 우리는 핵무기의 두려움을 파괴력보다 이른바 더러움에서 찾는다. 땅은 방사성 낙진으로 뒤덮이고, 폭발의 잔해 위에 새로운 터전을 재건하는 것은 영원히 불가능할 것만 같은 불길함이 엄습한다. 물론 오해라 치부할 수 없다. 만약 1만 5,000톤의 TNT와 같은 위력을 가진 최초의 원자폭탄 리틀보이가 최적의 효과를 보이는 고도에서 폭발한다면 직접적인 충격파로 파괴되는 범위는 반경 1.5km의 영역이다. 핵 발사 소식을 들었다면 서둘러 출발해 뛰거나 자전거를 타고 벗어날 수 있는 정도다. 하지만 가벼운 낙진은 바람을 타고 자유롭게 퍼져서 수십 킬로미터 이상 이동할 수 있다.

대부분의 방사성 물질은 폭발을 위해 적재되었고, 폭발 이후 붕괴해 사라지기 시작하므로 방사능 수치는 생각보다 빠르게 낮아진다. 하지만 특히 위험한 동위원소인 스트론튬-90이나 세슘-137은 토양과 지하수를 오랜 시간 오염시킨다. 제염 기술이 발달했으니 충분히 낮은 농도로 제거할 수 있으며, 복구는 어렵지 않다. 1945년 원자폭탄이 투하되었던 히로시마와 나가사키가 복구 및 재건되어 도시의 기능을 완전히 회복하는 데 단 1년밖에 소요되지 않았다는 사실을 참고할 수 있다.

그렇다고 핵분열 반응과 방사성 동위원소의 위험성이 우려보다 사소하다는 것은 절대 아니다. 폭탄이 아닌 발전소 폭발 사고가 있었던 체르노빌은 1986년 폭발 이후 40년이 지난 지금도 진입 금지 지역이다. 최악의 원전 폭발 사고인 7등급 규모이기도 했지만, 수백 미터 상공에서 폭발해 방사성 물질 대부분이 낮은 농도로 넓은 지역에 흩뿌려졌던 원자폭탄과는 달리 지상에서 발생해 발전소 내부에 있던 막대한 양의 핵연료가 그대로 노출되었으니 그 위험성은 원자폭탄과 비교할 수 없을 정도였다. 2011년 후쿠시마에서 발생한 원전 사고 역시 체르노빌과 함께 전 세계에서 두 번밖에 없는 7등급 사고라는 사실을 고려하면, 후쿠시마 지역의 복구를 곧이곧대로 믿고 안심하는 것은 섣부를 수도 있다.

모든 무기는 진화한다. 깨뜨린 돌을 도구로 사용하던 뗀석기는 예리하게 갈아내 기능을 강화한 간석기로 진화했고, 흑색화약이 지배하던 시대는 많은 연기와 부산물이라는 단점과 폭발 효율을 극복하고 개선하며 무연화약과 고폭약으로 진화했다. 이제껏 매초 폭발을 기다리며 여유 있게 따라간 폭발물의 나열은 모두 화학에 의한 물질의 진화와 함께했다. 핵분열을 이용한 원자폭탄은 핵무기의 진화로 이어지는데, 그 방향은 두 가지로 나뉜다. 하나는 더 크고 강력한 파괴력을 추구하는 비교적 깨끗한 방향, 다른 하나는 방사능을 강화함으로써 공포와 혼란을 극대화하는 매우 더러운 방향이다.

강력한 파괴력을 추구하면서 탄생한 것이 수소폭탄이다. 간혹 수소폭탄이라는 이름 때문에 수소 연료를 이용한 자동차의 구동 원리처럼 수소를 연소함으로써 발생하는 에너지를 활용하는 것으로 오해받기도 한다. 물론 수소의 연소는 강력하다. 우주를 구성하는 모든 원소 중 가장 작고 가벼운 원소여서 같은 질량으로 비교한다면 수소의 잠재력은 엄청나다. 만약 똑같은 1kg의 수소와 휘발유의 연소에서 발생하는 에너지를 비교하면, 조건에 따라 다르기는 해도 수소는 약 140MJ을 방출해 약 46MJ을 방출하는 휘발유보다 3배가량 큰 에너지를 만든다. 강한 에너지와 더불어 지구를 뜨겁게 만드는 온실 기체인 이산화 탄소나 불완전 연소에서 발생하는 검은 그을음도 전혀 만들지 않고 모두 수증기로 바뀌는 연소여서 친환경 연료라고 이야기한다. 하지만 수소는 표준 상태에서 기체이기에 차가운 우주 환경이 아니고서야 액화하거나 고압 압축 없이 많은 양을 저장하기 어렵다.

여기에는 두 가지 함정이 숨어 있다. 첫 번째로, 에너지양은 폭발물의 파괴력을 단순히 설명하지 못한다는 것이다. 연소와 폭발은 상당히 다른 개념이기에 휘발유는 연료이지 폭발물로 사용될 수 없다. 이번에도 1kg을 기준으로 TNT의 연소가 만들어내는 에너지를 계산해보면, 폭발력의 표준 단위로 소개했던 것처럼 4.184MJ이 방출된다. 휘발유의 1/10에도 미치지 못하는 실망스러운 수준이다. 연소와 폭발의 차이란 1톤의 물이 수도꼭지를 통해 계속해서 흘러나오는 것과, 그 1/10에 불과하지만 100kg의 물이 한 번에 머리 위로 떨어져 내리는 상황을 상상하면 된다. 수소는 폭발성 기체이기에 단순히 연료를 태우는 것보다 순간적으로 어마어마한 파괴력을 일으킬 수 있다.

앞서 수소의 강력한 폭발력을 열심히 설명했지만, 사실 수소폭탄은 이와 관련이 없다는 점이 두 번째 함정이다. 수소폭탄은 그야말로 완벽하게 진화한 핵폭탄이라 해도 과언이 아니다. 원자핵의 반응은 쪼개지는 핵분열과 결합하는 핵융합으로 나뉜다. 우주에서는 이 두 가지 핵반응이 계속해서 발생하는 중이다. 태양을 비롯한 별, 즉 항성은 핵융합을 통해 원자핵의 덩치를 더 불리며 더 높은 번호의 원소들을 만들고 있다. 다양한 천체의 충돌과 폭발에서 불꽃놀이처럼 사방으로 터져 나가는 거대 원소들은 자신의 체중을 견디지 못하듯 붕괴하며 핵분열을 선보인다. 핵융합과 핵분열의 종착지는 가장 안정한 핵을 보유한 원소라 할 수 있는 철이며, 온 우주의 모든 원소 비율의 변화 예측에서는 계속해서 서서히 늘어나는 철의 존재감을 느낄 수도 있다.

수소폭탄은 원자폭탄의 핵분열에 더해 핵융합을 이용한다. 핵융합은 가벼운 원자핵들이 융합하며 무거운 원자핵으로 변하는 과정인데, 여기서도 막대한 에너지가 방출된다. 단순히 두 개의 찰흙이 합쳐져 더 큰 덩어리가 되는 '1+1=2'라는 절대적이고 상식적인 수식이 아닌, '1+1<2'가 된다. 융합하는 과정에서 약간의 질량이 소멸하는데, 이번에도 질량-에너지 등가원리에 의해 같은 양의 에너지가 방출된다. 인류가 지구상에서 인공 핵융합을 통해 거대한 에너지를 얻으려는 열망이 바로 여기서 나왔다. 꽤 오랜 시간 동안 핵융합에 도전했지만, 실제로 이루지 못한 것은 수억 단위의 고온과 초고압 환경이 필요하기 때문이다. 태양 같은 거대 항성의 내부는 초고온과 초고압이 유지되기에 핵융합이라는 아궁이를 유지할 수 있지

만, 지구에서는 쉽지 않은 일이다.

이러한 극한의 환경을 만들어주는 것이 원자폭탄이다. 팻맨의 내폭형 중성자 점화기가 고폭약의 폭발에서 형성되는 충격파로 고압 환경을 만들었다면, 이번에는 원자폭탄의 폭발이 수억 도의 고열과 초고압을 만들어내고, 이 극한 환경에서 수소폭탄 안의 중수소와 삼중수소 같은 핵융합 연료가 반응하기 시작한다.[7] 결국 수소폭탄의 기폭 역시 고폭약에서 시작됨을 추론할 수 있다.

필자는 수소폭탄을 만들 줄 모르지만, 만에 하나의 상황에 대비해 다행히도 구조와 원리는 파악하고 있다. 폭발은 텔러-울람Teller-Ulam 방식이라는 2단계 구조로 진행되는데, 우리의 추론과 정확히 일치한다.[8] 수소폭탄의 중심부는 원자폭탄과 같다. 고폭약으로 이루어진 축구공 모양의 폭축 렌즈 중앙에 플루토늄과 중성자 점화기가 탑재되어 있다. 그리고 그 외곽에 중수소와 삼중수소가 탑재되어 내부의 초극한 환경에서 신명나게 핵융합을 시작한다. 단순히 수소 핵융합이 추가된 것만으로 얼마나 극적인 변화가 있을지 의심되지만, TNT 수백만 톤 이상의 폭발력을 가져 웬만한 도시 하나를 통째로 지구상에서 증발시킬 수 있는 극단적인 폭발물이다.

우리가 상상하는 또 다른 진화 형태는 낙진 강화Fallout-Enhanced

핵무기라 불린다. 이름 그대로 방사성 낙진의 양과 범위를 극대화하는 방식인데, 위험하고 오래 남는 방사능 원소가 만들어지도록 원자폭탄에 몇몇 화학 원소를 추가하는 것만으로 간단히 만들어진다. 핵무기의 특정한 기능을 강화하는 목적이므로 폭발에 방해가 될 수 있는 복잡한 내부 개조보다는 핵반응에서 해로운 방사성 원소가 다량 생성되도록 가장 바깥쪽의 외피에 넣는다.

대단히 독특하거나 낯선 원소가 사용되는 것도 아니다. 모든 원소에는 불안정해 붕괴하며 에너지를 방출하는 방사성 동위원소들이 포함된다. 다양한 원소와 물질의 수만큼 여러 방식으로 안전하거나 해로움을 보인다. 예를 들어 수소와 중수소는 붕괴하지 않고 안정하게 존재하므로 인간에게도 아무런 피해를 주지 않는다. 하지만 중성자가 하나 더 많은 삼중수소는 해로운 물질로 구분된다. 그렇다고 삼중수소 주위에 서 있기만 해도 체르노빌 지역 한가운데 떨어진 것처럼 몸이 파괴되지는 않는다. 삼중수소 핵 속의 중성자가 양성자로 바뀌며 β 입자(전자)와 반중성미자를 방출하는데, 이때 전자는 에너지가 매우 낮아 옷이나 피부를 뚫고 들어올 수도 없기 때문이다. 하지만 물의 형태로 체내에 들어오는 순간부터 세포와 조직, 혈액을 구성하는 데 참여하며 방사선을 쏘아낸다. 여전히 약하지만, 인간의 설계도인 DNA와 세포 기관을 파괴해 암이나 질환을 일으키기 시작한다.

핵폭발은 동위원소를 만들 최고의 조건이다. 중성자가 사방으로 쏟아지니 충돌하는 원소마다 조금 더 무겁고 붕괴하기 쉬운 것으로 변한다. 낙진 강화에 가장 널리 사용되는 원소는 코발트Co와 아연Zn이다. 자석을 만들거나 리튬 배터리 양극재에 사용되는 코발트-59는 중성자를 만나 코발트-60이 되고, 인체 기능 유지와 효소 작동을 위해 꼭 필요한 무기물인 아연-64는 하나 더 무거운 아연-65가 된다. 이들은 연약한 삼중수소와는 비교되지 않을 막강한 감마선을 방출한다. 엑스선보다 파장이 짧은 감마선은 강력한 에너지로 인체를 파괴한다. 더욱이 코발트-60의 반감기는 약 5.27년이어서 폭발 이후 오염 지역이 다시금 거주할 만한 환경으로 회복되기까지 100여 년의 시간이 필요하다.[9] 일시적인 피해와 사기 저하만이 아니라 넓은 영역을 오염된, 혹은 저주받은 땅으로 바꿔버리는 악랄한 무기다. 아마도 아연이 새로운 후보로 등장한 것은 오염이 너무 오래 지속된다는 오묘한 문제 때문이었을 듯싶다. 전쟁에서 승리하고 영토를 획득하거나, 합의된 방식으로 전쟁을 끝낸 후 폭격한 지역의 경제가 정상화되어야 할 때 불필요하게 긴 오염은 문제가 되니 244일의 반감기를 갖는 아연-65가 더 적당하다.

마지막으로 방사능에 집중한 더러운 폭탄은 이름 그대로 더티밤Dirty Bomb이라 불린다. 어찌 보면 핵무기가 진화한 형태가 아니라 끔찍한 흉물로 퇴화한 형태라고 표현하는 것이 정확할 듯싶다. 더티밤을 만드는 데는 의외로 핵무기를 사용하지 않기 때문이다. 핵무기가 핵분열이나 핵융합 반응을 통해 막대한 에너지를 방출하는 것과 달리, 더티밤은 재래식 고폭약 폭탄에 방사성 물질을 채워 폭발시킨다. 폭발 자체의 파괴력은 일반적인 폭탄과 마찬가지지만, 폭발과 함께 공중에서 퍼지는 방사성 물질이 넓은 지역을 오염시켜 피해를 일으킨다.

더티밤은 핵무기의 우라늄이나 플루토늄처럼 매우 정제된 핵 물질이 필요하지 않다. 그래서 의료용이나 산업용으로 쓰이는 방사성 동위원소를 불법적으로 구해서 만들 수 있다. 이러한 특징 때문에 '가난한 자의 핵무기'라 불리기도 한다. 테러 집단이나 반국가주의자가 대도시 한복판에 터뜨리면 직접적인 인명 피해보다 훨씬 심각한 사회적, 경제적 혼란을 불러올 수 있다. 우리가 걱정하는 비대칭 무기 혹은 대량 파괴 무기의 대표적인 표현인 화·생·방Chemical·Biological·Radiological, CBR 중 방사능을 뜻하는 '방'이 바로 더티밤이다. 대부분 방사성 낙진을 발생시키는 핵무기를 떠올리지만, 핵은 고폭약의 극단적인 발전과 함께 화·생·방에 핵·폭Nuclear·Explosive이 더해진 화·생·방·핵·폭CBRNE이라는 새로운 구분에 포함되며, 고전적인 화·생·방의 핵심은 무분별하게 방사성 물질을 퍼뜨리는 더티밤으로 대표된다.

이렇게 단순 화학 반응 속에서 짧은 순간 방출되는 거대한 에너지의 사용을 넘어, 우연히 발견된 핵분열에서 완전히 새로운 무기의 시대가 시작된다. 이후로도 폭발은 다양한 원료와 기폭 방식, 핵융합과의 결합, 방사능의 적극적인 활용 등으로 끊임없이 진화해왔다. 핵무기의 탄생과 발전 과정은 예측할 수 있는 선형적 규모의 기술 발전 그 이상이다. 인류가 어떤 방식으로 스스로를 파괴하고 공포에 몰아넣기 위해 기하급수적인 에너지의 세계를 구축하는지를 과학과 윤리, 열망과 절망의 과정을 포함해 입체적으로 보여준다. 인간의 역사와 폭발의 역사는 함께해왔다. 인류는 그동안 육체적 에너지에서 화석 연료로, 다시 전기를 넘어 핵에너지로 나아가 수요와 공급의 줄다리기를 유지할 수 있었다. 우리는 이미 그다음 단계를 이해하고 있다. 스스로에 대한 파괴와 공포를 극복하며 친환경 및 신재생 에너지로 다가가고 있다. 과연 이 흐름도 폭발에 똑같이 적용될까? '인간을 파괴하는 가장 친환경적인 방법'이라는 문장이 성립할 수 있을까? 환경을 파괴하는 지구의 세균과 같은 존재가 인간이니, 환경과 생태의 시선에서는 어쩌면 인간을 파괴하는 행위 자체가 친환경일지도 모른다.

우리를 답답하고 복잡하게 만드는 주제는 미뤄두고 다시 폭발에 집중하자. 결국 핵무기의 시작과 끝은 화학으로 이루어진 셈이다. 아무리 위대한 이론도 인간이 살아가는 우주에서 현실이 되려면 물질로 구현되어야 한다. 그렇다면 핵무기 이후의 폭발은 어떤 식으로 흘러가야 할까? 아마 이번에도 더욱 강력하거나, 더욱 위험한 것을 향해서가 아닐까?

멸망을 대비하는 생활 화학 제조법

1단계 원자로와 핵무기

솔직히 무리다.

여러 변명거리가 있다. 아무리 핵분열에 대한 초기 지식만 확보된 시대였다지만, 오펜하이머, 아인슈타인, 로런스와 페르미 등 과학 기술의 최전선을 확장하던 천재적인 과학자들의 두뇌가 집결해 이뤄낸 일을 나나 여러분이 혼자만의 힘으로 달성하기는 불가능하지 않더라도 극히 어렵다. 무엇보다 20세기 수준으로 재건된 시점이라면 또 모를까, 멸망한 세계에서 핵을 사용할 일은 없을 것이다.

기관이나 국가가 아닌 개인이 만드는 원자로의 시작은 간단한 열정에서부터 싹트곤 한다. 주기율표에 존재하는 모든 원소의 견본을 모으려는 시도가 일반적인 시작점이다. 원소를 모아본 경험이 있다면 두 개의 커다란 난관을 맞이한다. 첫째로 금이 오히려 저렴한 금속으로 느껴질 정도로 값비싼 로듐^{Rh}이나 이리듐^{Ir}, 오스뮴^{Os}, 백금^{Pt}, 레늄^{Re} 같은 원소를 구매하려고 어마어마한 비용을 지출하는 순간이며, 두 번째가 방사성 원소다. 수집에 열중하는 사람들에게 너무 비싸서, 혹은 위험해서는 겸연쩍은 핑계일 뿐이다.

진정한 수집가는 그 모든 역경을 넘어서서 완벽한 세트를 만들어 뿌듯해야 할 사명이 있다.

원자로를 가동하려면 방사성 원소가 필요하며, 증식로增殖爐, Breeder reactor를 이용하면 방사성 원소를 확보할 수 있다. 우선은 주위 잔해에서 방사성 원소들을 구해보자.

2단계 아메리슘

지금이라도 당장 구할 수 있는 방사성 원소가 여러분의 주위에 있다. 만약 건물 안에 있다면 고개를 들어 천장을 둘러보자. 화재 징후를 감지하는 연기 감지기가 보인다면 내부에서 원자번호 95번 방사성 원소인 아메리슘Am을 찾을 수 있다. 아메리슘은 방사성 붕괴로 알파선을 방출하며, 이를 통해 공기 분자들이 이온화되어 미세한 전류를 만든다. 만약 연기가 발생하면 이 전류의 흐름을 방해하게 되며, 그 차이가 미리 설정된 임곗값보다 낮아지면 화재로 판단하는 방식이다. 분해하면 방사능 경고 표시가 붙은 부품이 있는데, 내부에 아메리슘이 미량 함유되어 있다.

3단계 토륨

천둥의 신 토르Thor의 이름에서 유래한 원소 토륨Th은 약한 방사성 물질이다. 드라마 〈브레이킹 배드〉에서 코감기약 유효성분인

슈도에페드린pseudoephedrine을 이용해 향정신성 물질을 합성할 때 토륨 촉매를 활용하는 과정이 스치듯 등장하기도 한다. 이름조차 낯선 이 원소는 어디서 구할 수 있을까? 이제는 많은 유해성 물질의 사용이 자제되고 있지만 과거에는 흔히 사용되었다. 버려진 캠핑용 랜턴 맨틀을 몇 개 확보하면 간단하다. 독성 중금속인 납이 함유되지 않아 무연無鉛, lead-free이라는 표현이 붙은 물품들이 있듯, 무토륨thorium-free이라 표시되지 않은 것들을 찾는 것이 우리의 목적이다.

토륨은 가열될 때 매우 밝은 백색광을 내는 특성이 있다. 캠핑용 랜턴이 연료로 가열될 때 토륨을 포함한 맨틀이 빛을 내는 방식으로 구성되어 있다. 맨틀은 직물로 이루어진 망 형태인데, 질산토륨에 적셨다가 건조해서 만든다. 산화물 형태로 달라붙어 있는 토륨을 회수하자.

4단계 라듐

라듐Ra은 일반적으로 구하기가 매우 어려운 원소다. 라듐은 방사성 발광이라는 현상으로 어두운 곳에서도 빛을 만들 수 있어서 과거에는 야광 페인트로 애용했다. 라듐 역시 붕괴하며 알파선을 방출하는데, 주위의 황화 아연ZnS 분자와 충돌하며 빛 에너지를 방출해 녹색이나 푸른색 빛을 만든다. 라듐은 반감기가 무려 1,600년에 달하는 매우 강한 방사성 물질이다. 예전에는 이러한 위험성을 잘 알지 못했기 때문에 붓으로 시곗바늘에 칠해 야광 시계를 만드는 데 사용되었으며, 지금은 같은 효과를 내지만 해롭지 않은 원소들로 모두 바뀌었다.

그런데도 과거에 생산된 라듐 시곗바늘만 다량으로 판매하는 경우가 있다. 쇼핑몰을 통해서는 구할 수 없으며, 세계 각국의 인터넷 경매 사이트에서는 종종 등장한다. 다만 꽤 오래전의 경험에 따르면 세관에서 걸린다는 점을 잊지 말라고 당부하겠다.

5단계 삼중수소

마찬가지로 전기를 공급하지 않아도 스스로 빛을 내는 물질로 삼중수소가 있다. 삼중수소의 붕괴에서 방출되는 베타선, 즉 전자는 형광물질에 부딪히며 눈으로 볼 수 있는 색상의 빛을 만든다. 야간이나 어두운 환경에서 작은 조준점 주위만 밝혀도 충분한 순간인 총기의 조준기에 사용된다. 삼중수소는 물의 형태로 체내에 들어가지 않는 한 외부에서는 매우 안전하기에 지금도 가장 구하기 쉬운 물질이다.

6단계 가정용 증식로 사례

예전에 데이비드 한David Hahn이라는 소년이 집에서 증식로를 만들어 경찰에게 적발되고 FBI와 원자력 규제 위원회에서 조사받은 적이 있다. 증식로를 만들었던 창고가 위험 물질 정화 장소로 지정되어 해체되기까지 했다. 당시 사용되었던 방식을 간단히 살펴본다면 방사선 누출을 막으려고 납으로 만든 블록에 구멍을 뚫어 반응로로 사용했고, 리튬 배터리에서 분리한 리튬을 환원제로 사용해 토륨을 정제했다. 최종적으로 토륨과 우라늄을 이용해 핵분열성 원소로 변환하려 시도했다. 결과는 만족스러웠을까? 그렇다고도, 아니라고도 볼 수 있다. 어린 소년이 조잡하게 만든 증식로로 완전한 핵연료가 지속해서 얻어졌을 리는 없다. 하지만 실험 장치를 분해했을 때 수십 미터 이상 떨어진 거리에서도 가이거 계수기가 울려댔을 정도니 방사성 물질은 적지 않은 양이었다.

과거에는 방사성 물질을 비교적 간편하게 확보했다. 우리는 안전한 시대를 살아가며 그럴 기회를 모두 잃어버렸다. 자유로운 연구와 접근을 경계하는 것은 방사능에 오랜 시간 지속적인 피해를 유발할 수 있는 위험이 있기 때문일 것이다. 그러니 다시 한번 짧고 화려하며 아름다운 폭발로 눈을 돌려보자.

3 초 전

폭발물 랭킹 토크

그것은 백치가 떠드는 이야기와 같아
소리와 분노로 가득 차 있지만
결국엔 아무 의미도 없도다
—윌리엄 셰익스피어, 《맥베스Macbeth》

폭발이라는 단어에서 떠오르는 이미지를 나열하라는 질문의 답은 뻔하다. 화염, 굉음, 연기, 조각난 바위, 얼룩덜룩한 그을음, 무너지는 건물, 깊게 팬 땅 등이 몇 개씩 조합되어 등장할 것이다. 그중 폭발이 일어나는 바로 그 순간 우리의 감각을 가득 채우는 것은 거대한 화염과 공간을 짓이기고 퍼져가는 듯한 소리다. 물론 그런 의미로 쓰인 것은 아니지만 맥베스의 독백에서 이야기하는 "소리와 분노로 가득"하며, "결국엔 아무 의미도 없"게 되는 상황이 폭발의 정수다. 그렇다면 지금부터 본격적으로 흥미로운 이야기를 시작해보자. 인간이라면 자신도 모르게 결론이 궁금해서라도 지켜볼 수밖에 없는 순간, 바로 순위를 매겨보는 시간이다. 어떤 물질이 가장 강력한 폭발을 일으킬까? 혹은 얼마나 작은 자극에도 주변을 초토화할까?

인류가 발견한 가장 강력한 폭발물 TOP 10

지금까지 살펴봤던 폭발물이 과연 얼마나 강력할지 궁금할 것이다. 최초의 화약으로 탄환과 포환을 밀어내는 추진제였던 흑색화약은 폭약으로 구분되지 않으니 절대 순위에 포함되지 않으리라고 예상할 수 있다. 아니, 만에 하나라도 포함되는 일이 있어서는 안 된다. 이제껏 발전시켜온 폭발물의 여정이 그리 보잘것없으면 곤란하다. 무연화약 역시 명함을 내밀기에는 한참 모자란다. 그렇다면 모든 폭발물의 기본 단위로 사용된다는 TNT는 어떨까? 아쉽지만 TNT 역시 순위에는 포함되지 못한다. 의아한 일은 아니다. 단맛의 기본 단위인 설탕 역시 합성 감미료에 밀려난 것과 같다.

본격적으로 상위 열 가지를 이야기해보자. 이미 10위부터 낯선 이름이 등장한다. 다섯 개의 탄소가 십자 형태로 연결되어 중앙을 제외한 갈래마다 수산화 작용기-OH가 결합해 만卍자를 이루는 펜타에리트리톨pentaerythritol이 질산화한 화합물인

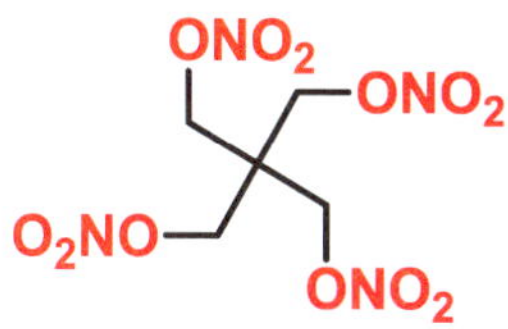

PETN

PETN이다. 알파벳 그대로 '피-이-티-엔'으로 읽는 것이 일반적이지만, 필자를 비롯해 많은 사람이 '패튼'으로 간략히 줄여 말하기도 한다. 이 경우 제2차 세계대전 당시 미국 육군 장군 조지 S. 패튼과 혼동될 수 있다는 점이 주의 사항으로 따라붙지만, 오히려 그것이 더 매력적인 부분이라 생각한다.

PETN이 10위에 오른 것만으로도 TNT가 머리카락 하나 보이지 않는 것이 설명된다. PETN은 폭발 속도가 8,400m/s에 달해 TNT보다 약 1.5배 강력하다고 알려진 물질이다. PETN 역시 많은 질산 화합물과 마찬가지로 심혈관 확장을 위한 의약품으로 활용된 이력이 있으며, 적은 양으로도 강력하게 폭발해 기폭제나 신관 제조에도 쓰인다. 가장 최근 사용된 사건으로는 이스라엘이 헤즈볼라를 대상으로 펼친 무선호출기 원격 동시 폭발 작전이 있다. 적은 양으로도 큰 파괴력을 낼 수 있어서 무선호출기의 배터리 부분에 설치된 단 3g의 PETN이 암호화된 특정한 무선 신호를 수신하며 폭발했다. 이로써 헤즈볼

라의 최정예 라드완 부대를 포함해 전투원 1,500여 명이 다치고 지휘 체계에 혼란이 일었다. PETN은 그 이전에도 폭탄 사건에 계속해서 등장했다. 2001년 12월 리처드 리드라는 영국인 테러범이 신발 밑창에 숨긴 PETN으로 항공기를 폭발시키려 했던 신발 폭탄 사건과 2009년 나이지리아인 우마르 압둘무탈랍이 속옷에 PETN을 숨겨 항공기를 폭발시키려 했던 사건이 있다. 이 두 건의 실패한 테러가 남긴 결과는 아주 명확하다. 공항의 보안 규정이 크게 강화되어 보안 검색대를 신발 벗고 통과하는 절차가 도입되었던 기억이 있을 것이며, 탑승객에 대한 전신 스캐너 검색이 강화되는 계기가 된다.

9위와 8위에는 친숙한 이름이 등장한다. RDX와 HMX이다. 다양한 군사적 용도로 사용되는 표준 폭발물인 RDX는 약 8,750m/s로 TNT의 1.5배 위력이며, 의도치 않은 불순물에서 시작되었다던 HMX는 약 9,100m/s로 TNT의 1.7배에 달한다. 단순히 위력뿐만 아니라 안정성도 뛰어나 이 두 물질은 미사일 탄두부터 플라스틱 폭탄까지 다양하게 사용되는 편리함의 경계선을 이룬다. 강력함과 안정함이 공존하는 것은 흔치 않은 일이니, 더 높은 순위의 물질들은 가까이 하기에는 불안한 면이 있다.

7위는 트라이아세톤 트라이퍼옥사이드triacetone triperoxide로, 앞

글자를 따 TATP라 불린다. 별명에서 위험성이 바로 체감되는데, 무려 '악마의 폭발물'이다. 여러모로 매우 흥미로운 물질이며, 이번 기회에 무질소 폭발물에 관한 이야기를 풀어보려 한다.

흑색화약부터 HMX나 PETN까지 이제껏 등장한 모든 폭발물의 핵심은 질소, 정확히는 질산 작용기의 유무였다. 3개의 산소와 1개의 질소가 결합한 질산 작용기는 고온에서 분해되며 연소를 돕는 산소, 기체 발생과 급격한 부피 팽창을 위한 질소와 산화 질소 등이 방출되는 부분이다. 자연스레 더 많은 질산 작용기가 포함되어 있을수록 강력한 폭발력과 불안정한 상태가 만들어진다.

폭발물이 원래 목적대로 광산이나 건축 현장 등에서 작업을 돕기 위해 사용되는 것은 언제나 환영이다. 전쟁에서 사용하는 군용 폭발물도 타인의 생명을 위협하는 수단이 되기는 해도 자신이 속한 국가와 가족을 보호하기 위한 불가피한 대립 수단이라 표현한다면 공감은 아니어도 이해 정도는 가능할 것이다. 하지만 앞선 일화처럼 신발이나 속옷에 숨겨 많은 사람이 탑승한 채 탈출조차 할 수 없는 교통수단에서 테러에 사용할 가능성도 간과할 수 없다는 점이 매우 큰 문제다.

폭발물에 질소 화합물이 무조건 이용된다면 탐지의 범위를 좁혀준다. 뛰어난 후각을 가진 훈련된 탐지견의 활약이나 X선 투과를 통한 뇌관과 기계장치의 감지, 승객의 손이나 가방 표면을 닦아내 이온 이동성 분광법Ion Mobility Spectroscopy을 활용한 소형 탐지기로 검출하는 방법까지 사용된다.[1] 핵탄두는 조금 다른데, 핵연료가 방출하는 방사선을 감지하거나 미약한 중성자를 쏘아 감마선 발생 여부를 감지하기도 한다. 기술의 발전은 우리에게 안심을 선물했지만, 굳건한 벽이 가로막았다면 빈틈을 찾고 싶은 것이 인간의 본능이 아닐까?

답은 질소를 사용하지 않는 것이다. 에너지는 높지만 불안정한 대표적인 물질로 과산화물을 꼽을 수 있다. 가장 간단한 구조의 과산화물로는 과산화 수소가 있다. 과산화 수소는 흔히 상처를 소독하는 데 사용되어서 그다지 위험하지 않은 화학물질로 생각되기도 하지만, 이는 어디까지나 3% 내외로 희석된 수용액일 경우다. 30% 이상 농도부터는 뛰어난 표백 효과와 강력한 산화 작용을 이용하는 화학 실험에 사용되며, 극단적으로 농축한 80% 이상부터는 로켓 추진제로 사용될 정도로 강력하다. 실제로 제2차 세계대전 당시에는 테슈토프T-Stoff라는 코드명으로 V2 로켓에 사용되었다.[2] 빠르게 반응하도록 돕는 촉매가 투입되면 매우 격렬히 반응하는데, 국내외에서 발생하는 과산화 수소 관련 사고는 우연히 촉매 물질이 혼합되며

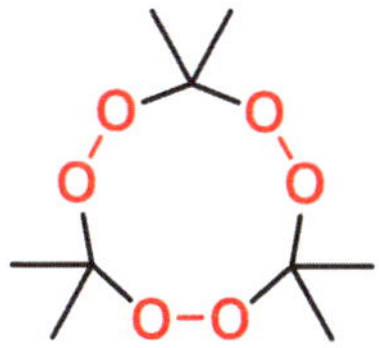

TATP

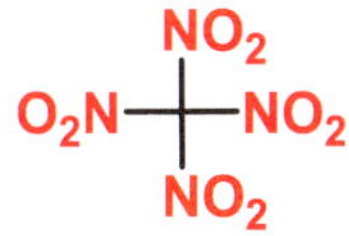

TNM

주체할 수 없는 반응이 이루어지기 때문인 경우가 많다.

인화성 물질과 산화제가 결합해 탄생한 자체적 산소 공급과 폭발적 분해가 가능한 물질이 TATP다. 아세톤과 과산화 수소의 화학 반응으로 만들어지는데, 의외로 오래전인 1895년 독일의 화학자 리하르트 볼펜슈타인Richard Wolffenstein에 의해 탄생한다. 볼펜슈타인은 진정한 폭발물의 화학자라 불리는 데 손색없는 인물이기도 하다. TATP의 발견 이후 피크르산 같은 폭발물을 대량 생산하는 반응을 개발하며, 진공 증류를 이용한 100% 수준의 초고순도 과산화 수소 추출까지 이뤄낸다.

TATP는 불안정하므로 조심해서 취급해야 하지만 재료가 매우 간단하고 구하기 쉽다는 점, 질소가 포함되지 않아 X선 스캐너나 금속 탐지기로 적발되지 않는다는 장점 아닌 장점을 가져 최근 급조 폭발물에 사용된다. TATP의 폭발 속도는 5,300m/s로 TNT보다 느리다. 그런데도 폭발물의 순위를 매길 때 높은 점수를 얻는 이유는 역시 불안정성과 더불어 무산소 폭발 및 탐지 회피로 위험성에서 가산점을 받기 때문이다.

6위는 독특하다. 가장 작고 간단한 탄소 물질에 질산을 최대한 결합한 테트라나이트로메테인tetranitromethane, TNM이다. 연료로 사용되며 지구 온난화를 가속하는 온실 기체이기도 한 메테인은 하나의 탄소가 4개의 수소와 결합을 이룬 'CH_4' 형태다. 여기서 수소 대신 질산 작용기가 결합한 물질이 TNM이다. 화학 분자는 이론상 모듈을 떼어내고 연결하는 조립 장난감과 같지만, 이번에는 심상치 않다. 작은 탄소 하나에서 모든 결합을 하나씩 다 바꾸기는 매우 어렵다. 차라리 조금 더 큰 물질을 깨뜨리고 변화하는 다른 경로를 따르는 것이 편하다. 물론 다소 편할 뿐이지 폭발물에 대해서는 언제나 위험성이 높다. 무수 아세트산과 무수 질산의 반응으로 이루어진 채터웨이법Chattaway process은 부분적인 성공을 거둔다. 화학 반응 측면에서는 성공이었지만 산업적 규모로 시도하던 중 폭발로 공장 전체가 모조리 날아가버려 없던 일이 되었기에 절반의 성공이라 부르겠다.

TNM은 그 자체를 폭발물로 사용하기보다는 다른 연료 혹은 물질과 혼합해 사용한다. 어떠한 가연성 물질과 혼합해도 폭발성 혼합물로 바꿀 수 있는, 폭발물계의 '현자의 돌Philosopher's stone'이라 부를 만한 물질이다. 비록 우리는 납으로 금을 만들진 못했지만, 적어도 가치 없는 인화물을 모조리 폭발물로 바꾸는 데는 성공한 셈이다. 안타깝게도 기적 같은 폭발물로의 전환이 유용함을 대변하지는 못했다. 아주 작은 불순물만 혼합되어도 폭발성을 일으키므로 방심하면 바로 사고로 이어진다. 작은 먼지를 제거하려고 거름종이로 TNM을 여과하면 어떤 일이 생길까? 폭발한다. 종이를 구성하는 셀룰로스는 탄수화물 기반의 유기물이어서 인화가 가능하다. TNM은 보이지도 않을 정도로 작게 떨어져 나오는 셀룰로스 가닥들을 모두 폭발물로 만들어 장렬하게 터뜨린다.

실제로 1920년 독일 뮌스터대학 실험 수업에서는 TNM과 톨루엔, 셀룰로스로 이루어진 솜을 담은 강철 튜브가 폭발하는 사고가 있었다. 수업 시간에 발생한 사고로, 일부 기록에 따르면 학생 10명이 사망하고 12명 이상이 다쳤다고 전해진다. 그렇다고 TNM이 조력자 역할에 만족하는 것도 아니다. 간단한 구조인데도 매우 강력한 폭발을 일으키는데, 약 9,300m/s의 폭발 속도로 TNT보다 1.8배가량 강력해 명실공히 6위에 이름을 올렸다. 이런 물질도 다섯 손가락 안에 들 수 없다니, 남아있는 상위권이 더욱 기대되지 않는가?

5위는 본명은 길고 별명은 간단하며 모든 혼란의 용어가 뒤섞인 가장 강력한 '상용' 폭발물 헥사나이트로헥사아자아이소

부르지테인Hexanitrohexaazaisowurtzitane이다. 이름이 너무 길어 어질어질하다면 모두가 선호하는 별명인 'CL-20'으로 부르면 좋다. 이제껏 항상 등장했던 T나 N, X 같은 알파벳 대신 낯선 표현이 등장해 어원이 궁금할 것이다. 여기서 첫 번째 혼동이 생겨날 수 있는데 'CL'은 차이나 호수China lake의 앞 글자를 의미한다. 서방과의 군비 경쟁 과정에서 중국의 4,000년 역사가 깃든 신비로운 기술력으로 탄생한 반격의 봉화로 오해될 수 있으나, 차이나 호수는 미국 서부 캘리포니아주 모하비 사막에 자리한다. 19세기 후반, 이 지역의 말라버린 호수 바닥에서 붕소B 광물인 붕사를 채굴했던 중국인 광부들로부터 유래한 지명이다. 그 지명이 지금까지 이어져 미국이지만 '중국 호수'로 불릴 뿐이고, CL-20은 로켓 추진제로 사용하려고 미국에서 개발된 물질임을 기억하자.[3]

효과적인 폭발은 하나의 분자 안에 든 탄소와 산소의 비율, 곧 연료와 산화제의 비율로 비교할 수 있었다. 산화제 대 연료 비율에서 TNT는 약 −74%로 산소가 매우 부족해 불완전 연소를 벗어날 수 없는 운명이었고, 이에 비해 RDX는 약 −21.6%로 훨씬 개선된 폭발물이었다. HMX는 구조적으로 RDX의 반복 단위가 하나 더 추가된 것뿐이기에 같은 비율을 갖게 되는데, CL-20은 쉽사리 상상되지 않는다. 그도 그럴 것

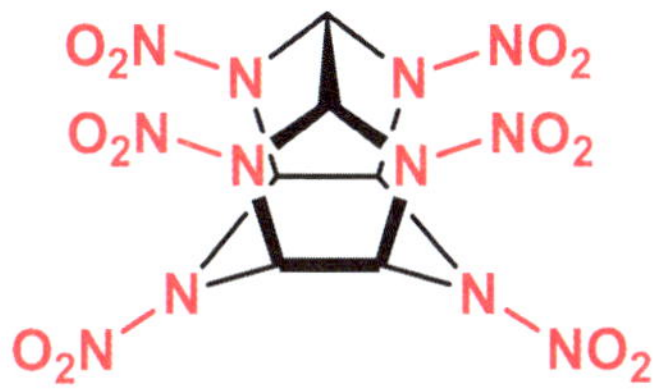

CL-20

이 CL-20의 구조를 본다면 여러 개의 고리가 서로 얽혀 만들어진 건축물 모양의 유기물 골격에 무려 5개의 나이트로아민 작용기가 붙은 모습이기 때문이다. 조금은 번거롭지만 직접 계산해보면 −11%의 비율로, 이제까지 본 질소 폭발물 중 산소가 가장 풍부해 완전 연소에 가깝다. 혹시나 산소를 더 많이 추가해 마이너스를 벗어난다면 더욱 강력한 물질이 될 듯싶으나, 0%에 가깝기만 해도 완전 연소 비율이 달성되기에 굳이 과량의 산소로 안정성을 깨뜨릴 이유는 없다.

기묘한 구조와 역대 가장 많아 보이는 질소 작용기, 그리고 산화제-연료 비율까지 모든 면에서 CL-20은 우리의 기대에 부응할 것으로 보인다. CL-20의 폭발 속도는 9,500m/s 이상으로 TNT보다 2배 이상 강력하다. 1987년 처음 등장해 나름대로 첨단 폭발물인 만큼 사용 분야 역시 상상 이상이다. 배회형 탄약loitering munition, 다른 이름으로는 자폭 드론이다. 자폭 드론은 실전에 배치된 지 꽤 오래된 전략 무기다. 스위치블레이드 Switchblade라는 이름의 자폭 드론은 2011년 처음 출시되었으며, 곧이어 대전차를 목표로 한 스위치블레이드 600 모델을 선보인다. CL-20이 탄두로 사용된 스위치블레이드 300의 다른 이름은 제2차 세계대전 당시 불리한 전세를 뒤집고자 일본 해군이 운영한 자살공격대인 가미카제다. 최근에는 2022년 러시아의 우크라이나 침공 이후 미국이 700대가 넘는 가미카제 드론을 우크라이나에 공급하기도 해 CL-20은 실전에서 사용되는 가장 강력한 고폭약으로 볼 수 있다.

중국이 연상되는 이름이지만 미국이 개발했으며 가장 극단적인 일본의 전술과 같은 식으로 사용되는 이 흥미로운 폭발물은 이전까지의 고폭약보다는 안정성이 떨어진다. 충격이나 마찰에 대한 기계적 안정성이 낮아 운송 중 폭발할 위험이 크다. 비슷한 이야기를 나이트로글리세린에서 들어본 기억이 난다면 그 해결책도 예상할 수 있다. 알프레드 노벨이 안정성을 개선해 다이너마이트를 만든 것처럼, CL-20도 무언가와 혼합하면 충격 민감도를 무려 87%나 줄여서 편리하게 운반할 수 있다. 유일한 차이점은 나이트로글리세린이 규조토라는 다공성 광물에 흡수된 것과 달리 CL-20을 안정하게 만드는 것은 또 다른 폭발물인 TNT라는 사실이다. CL-20과 TNT 두 물질이 하나로 뒤섞이며 공결정共結晶, cocrystal이라는 고체 형태를 이루는데, 운송하기 충분할 만큼 안정하다.[4] 그리고 두 물질은 가열하면 다시 분리되어 TNT가 액체 상태로 흘러나와 CL-20만 얻을 수 있다. 다른 문제점이 있다면 구조가 복잡하고 위험성이 높아서 제조 단가가 비싸다는 정도다.

CL-20을 최강의 상용 폭발물이라 표현한 이유가 있다. 4위부터는 연구 중이거나 가까스로 발견에 그친 잠재력의 화신들이라 할 수 있다.

우주를 배경으로 로봇이나 초광속 항해가 가능한 우주선이 등장하는 '메카물mecha物'에는 가슴속 깊은 곳 동방결절과 방실결절에서부터 전신으로 울리는 두근거림을 자극하는 설정이 있다.

존재할 리가 없는 기체
존재해서는 안 되는 기체
기록에 없는 0번째 기체
12체밖에 없을 터인 시리즈 13
기체가 견딜 수 없는 시스템
멀쩡한 부품만 긁어모아 만든 급조기
억지로 탑재된 규격 외의 부품[5]

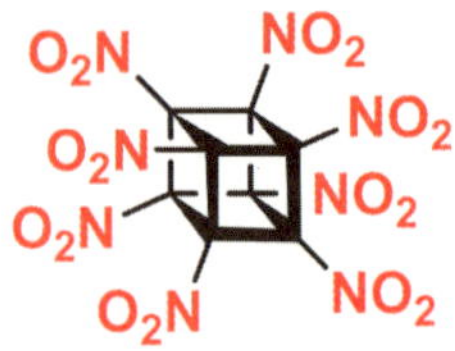

ONC

아마 '메카물'이 익숙하지 않아도 어떤 느낌으로 이야기하는 것인지 공감할 듯싶다. 폭발물 순위 4위 이내의 물질들은 이와 같은 맥락에 속한다. 4위는 그나마 자료라도 찾아볼 수 있는 옥타나이트로큐베인octanitrocubane, ONC이다. 큐베인은 정육면체cube 모양의 유기물을 의미한다. 정육면체에는 꼭짓점이 8개 존재하므로 무언가 붙여볼 수 있는 탄소 역시 최대 8개다. 그리고 이 모든 자리에 질산 작용기를 붙인, 억지로 탑재된 규격 외의 폭발물이 ONC다. 그런데도 충격 안정성이 높아 단순히 마찰이나 충돌로 폭발하지는 않는다. 문제는 합성하기가 너무나도 어렵다는 것이다. 1999년 처음 화학적으로 합성하는데 성공했지만, 매우 복잡하고 긴 과정을 거쳐야 하기에 성능 평가를 위한 대량 생산은 요원하다.[6] 체감을 위해 대략적으로나마 추론해보자.

시작 물질이 정육면체 모양의 큐베인이 될 것은 예상할 수 있다. 하지만 이는 우리가 원하는 지점이 아니다. 큐베인 자체도 매우 비싸기 때문이다. 탄소와 수소만으로 이루어진 밋밋한 형태가 아니라 반응의 시작점이 될 수 있을 카복실산-COOH이 하나 추가된 큐베인에서 시작되는 합성법이 알려져 있는데, 이 시작 물질의 가격이 50mg에 약 40만 원 정도로 매우 비싸다.[7] 몇 킬로그램에서 톤 단위의 폭발물 이야기를 해왔는데, 그보다 100만에서 10억 배나 적은 양인 밀리그램이라니.

심지어 화학 반응은 40여 단계로 이루어지는데, 여덟 자리 중 어디에 반응이 이루어질지 제어하기 어려워서 단계마다의 수율은 상당히 낮은 편이다. 그래도 너그럽게 모든 단계가 평균적으로 90%의 수율을 갖는다고 가정해보자. 단계마다 10%의 손실이 누적되니 우리가 바라 마지않는 연 복리 10% 이율로 40년간 저축한 노후 자금과 같다. 이번에는 손실이 늘어나 결과물이 줄어드는 역효과지만 말이다. 간단히 계산해본다면 $(0.90)^{40}$이 되어 결과물은 시작 물질의 단 1.48%만 우리 손 위에 남는다. 만약 1g 정도의 ONC를 만든다면 약 67.5g의 시작 물질이 필요하며, 모두 사려면 약 5억 4,000만 원이 든다. 여기에 화학 반응을 위한 시약들과 폭발물 합성 경험이 풍부한 박사급 화학자, 실험실과 폐기물 관련 비용 등 모든 것을 고려하면 금 따위와는 비교할 수 없을 정도의 고가인 상황이다. 금은 영원히 남지만 ONC는 폭발해 사라진다는 작은 차이도 함께 한다.

그리고 정말로 사라져 버린다. 산화제-연료 비율을 계산해 본다면 이번에야말로 0%에 도달한다. 정육면체를 만드는 8개의 탄소와 여기 연결된 8개의 이산화 질소는 자체적으로 내부의 산소만 이용해 모든 탄소는 이산화 탄소로, 모든 질소는 질소 기체로 변화할 수 있어 산소 균형이 완벽하다.

$$C_8(NO_2)_8 \longrightarrow 8CO_2 + 4N_2$$

그을음 없이 엄청난 양의 에너지와 기체를 방출하는 ONC는 드디어 10,100m/s의 폭발 속도를 보이며 네 자리 숫자의 벽을 돌파한다. 폭약의 핵심적인 기준이자 음속보다 빠른 충격파를 폭굉爆宏이라 부르는데, ONC의 충격파는 음속의 약 30배에 다다를 정도니 단순히 폭약이라 부르기는 모자란다. TNT보다 2.5배 이상 강력하지만 대량 생산과 실사용이 어려운 물질, 하지만 분명 존재한다.

3위부터는 가능성의 영역이다. 쉽고 빠르게 폭발하는 기폭약의 요소로서 3개 질소가 연결된 구조인 아자이드azide, N_3와 강렬하게 폭발하는 고폭약의 요소인 질소가 잔뜩 포함된 고질

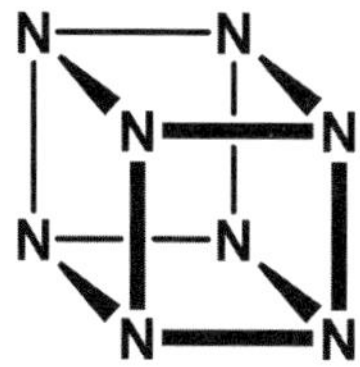

옥타아자큐베인

소 아자이드다. 컴퓨터의 연산을 이용한 가상 실험이나 추론을 제외하고는 아직 본격적인 발견이 이루어지지 못했으니 마음껏 상상할 수 있다. 최근 기대되는 수준으로는 같은 질량의 TNT보다 3배 이상 강력하며 10,500m/s의 폭발 속도를 갖는 초고압 충격파 물질까지 있다. 여기서 우리는 본질적인 질문을 던지게 된다. 다른 것은 전혀 없이 질소만으로 이루어진, 하지만 안정한 질소 기체는 아닌 형태가 만들어진다면 어떨까? 질소를 계속해서 연결한 미지의 물질은 우주에서 가장 안정한 물질이 될까, 아니면 반대로 가장 불안정하고 파괴적인 측면을 드러낼까?

2위는 충분히 예상할 만한 조합인 옥타아자큐베인Octaazacubane이라는 물질이다. 여덟 개octa의 질소aza로 이루어진 정육면체 물질이라는 의미대로 앞서 ONC의 기본 형태가 질소만으로 이루어진 질소 주사위라 할 수 있다. 폭발하면서 만들어내는 것은 오로지 질소뿐이니 가장 친환경적인 폭발물인 셈이다.

폭발물이 환경오염을 일으키지 않는 것이 의미가 있는지 의아하겠지만, 인명을 해치려는 목적 말고도 고에너지 작업이 필요한 다양한 분야에 쓰일 수 있음을 생각한다면 중요한 요건이다. 물론 환경에 이롭다는 특징이 폭발물의 가치를 결정하지는 않는다. 옥타아자큐베인은 폭발 속도 10,500m/s로 추정되어 이제까지의 단위를 가볍게 웃도는데, TNT와 비교하면 5배가량 강력할 것이다. 이제 남은 문제는 더 많은 질소를 독특하게 배열하는 것뿐이다.

그 답이 바로 폭발물 순위 1위, "존재해서는 안 되는", "기록에 없는", "견딜 수 없는", "억지로 탑재된" 고분자 질소 사슬polymerized nitrogen chain이다. 공기 속의 질소나 식품의 손상을 막으려고 채워지는 질소는 분자의 형태다. 두 개의 질소 원자가 결합해 만들어지는 매우 안정하고 반응성 없는 고고한 질소 분자로 표현된다. 여기에 질소가 하나 추가된 물질이 아자이드이며, 기폭약으로 사용되는 데서 알 수 있듯 폭발성이다. 3개의 질소가 사슬 모양으로 연결된 에너지가 매우 높은 상태여서 충격이나 열이 가해지면 분해되어 질소 기체를 방출하며 폭발한다. 예를 들어 매우 안정하고 행복한 생활을 이어가던 연인의 관계에 다른 한 명이 갑작스레 등장해 함께하게 된 삼각관계와 같다. 지속되기 힘든 파국을 맞이하는 삼각관계처럼 둘은 안정하나 셋은 불안정한 것이 질소의 결합이다. 개방적인 독자라면 삼각관계도 다른 형태의 사랑으로 이해와 지속이 가능하다고 반박할지도 모르겠다. 물론 가능한 측면이 있어서 유기 아자이드 화합물 중 일부는 안정하게 유지되곤 한다. 하지만 대부분 분해와 폭발로 이어지니 혹시나 하는 기대는 고이 접어두자.

4개의 질소가 사슬을 이룬다면 안정해질까? 짝수를 이루는 만큼 대칭적인 결합과 관계로 다시금 안정한 물질이 되리라고 기대할 수도 있지만, 물질이 안정하다는 것은 분리와 관찰이 가능하다는 의미와 같다. 4질소 사슬에 대해 들어본 사람이 거의 없는 데서 알 수 있듯, 2002년 처음 확인된 이 물질은 분석이 난감할 정도였다.[8] 이론적으로는 4질소가 800~1,000kJ/mol의 에너지를 방출할 수 있어서 고에너지밀도 물질High Energy Density Materials, HEDM로 구분된다. 이번에도 친근한 TNT와 비교해보면 1,038kJ/mol의 에너지 방출을 갖는 TNT와 매우 흡사하다고 볼 수 있다. 하지만 여기에는 함정이 있다. 몰mole, mol은 화학에서 원자나 분자 같은 입자의 개수를 표현하는 단위다. 수소처럼 작고 가벼운 입자도, 카페인처럼 더 크고 무거운 입자도 개수만 비교하면 차이가 감춰진다. 폭발물을 만들 때 중요한 것은 중량이므로 방출되는 에너지의 질, 곧 에너지 밀도에 주목해야 한다. 몰 당 질량을 비교하면 테트라나이트로젠은 56g/mol, TNT는 227g/mol에 해당한다. 4배라는 큰 차이가 있어서 같은 중량의 폭발물을 비교하면 단순한 질소가 더 강력하다.

고작 TNT의 4배에 만족하려고 원자나 분자를 이야기한 것은 아니다. 방향이 정해졌으니 조금 더 나가보자. 6개의 질소로 이루어진 분자, 헥사나이트로젠hexanitrogen은 2025년 발견되었다.[9] 의외로 저온에서 안정하게 보관할 수 있어서 액체 질소에 담가둔다면 100년 이상의 반감기를 가지므로 우주 환경에서 사용할 수 있는 미래 폭발물이다. 약 1,700kJ/mol 이상의 에너지 방출로 TNT의 15배 위력으로 추정된다.

흔히 공기의 연금술이라는 표현이 사용된다. 공기 속에 풍부한 질소로 비료를 만들었고, 이제는 공기를 구성하는 기체만으로 당이나 아미노산, 더 나아가서는 탄수화물과 단백질, 지질을 만드는 화학 반응도 개발되고 있다. 식품을 넘어 무기와 의약품 등 모든 것을 공기로 만드는 기술이 언젠가 우리가 직면한 지구 온난화를 넘어 완벽한 지구 환경 제어라는 기술력의 한계까지 도달하는 가장 아름다운 연금술의 재현이 될 수 있지 않을까.

가장 민감한, 가장 위험한

민감성이 높아 강력한 폭발을 쉽게 시작할 수 있는 물질을 기폭약으로 사용한다. 앞서 매겨본 10가지 폭발물의 순위는 오로지 위력에 초점을 맞춘 것이었으며, 이들 중 일부는 불안정하나 대부분 고폭약으로 사용하기 충분할 정도의 안정성을 보인다. 당장 지금 여러분의 옆쪽 탁자에 TNT 한 무더기가 쌓여 있거나 침대 밑에 C-4 블록이 대여섯 개 숨겨져 있대도 걱정할 일 없다. 반대로 시야에 들어오는 것만으로도 등골이 오싹하고 식은땀이 흐를 만한 불안정한 물질도 많다. 물질은 얼마나 불안정해질 수 있을지, 또 화학자들이 이처럼 위험한 물질을 어떻게 발견했으며, 아무런 사고 없이 평화롭게 연구해 왔을지에 대한 궁금증을 풀어보자.

이미 뇌산 수은이나 뇌산 은을 비롯한 물질들이 자신의 무게만으로도 폭발할 수 있는 몹시 불안정한 물질임을 이야기했다. 하지만 우리가 이름을 들어본 적 있다는 것은 충분한 연구가 이루어질 수 있으며 실제로 사용도 가능하다는 상식적인 범위의 물질임을 의미한다. 듣도 보도 못한 물질일수록 위험성은 높다. 아마 우리가 알 수 있을 정도로 정보가 전달되기 전에 이 물질들을 다뤄본 사람들이 다치거나 죽음을 맞이해 그 언급이 자의 반 타의 반으로 철저히 봉인되었기 때문은 아닐까.

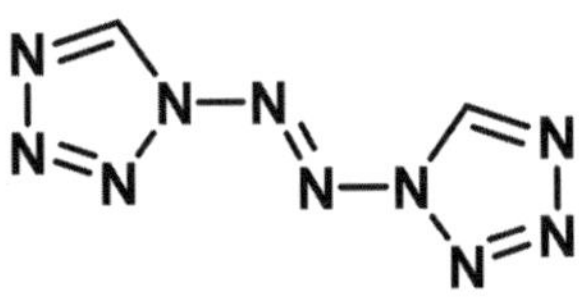

아조비스테트라졸

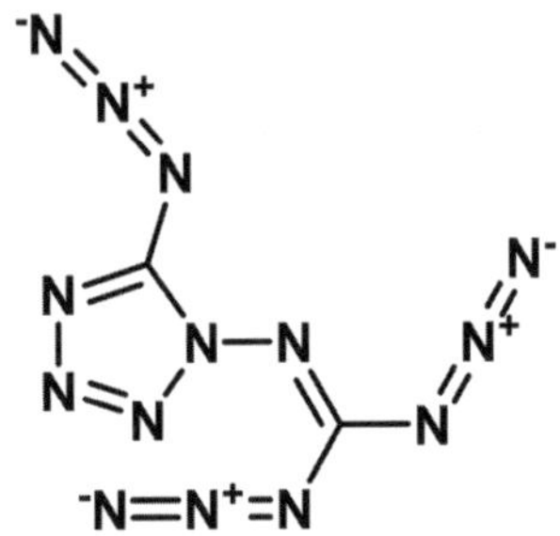

아지도아자이드 아자이드

가볍게 시작한다면 아조비스테트라졸Azobistetrazole 정도가 적당하다. 테트라졸은 4개의 질소와 1개의 탄소로 이루어진 오각형 고리 모양의 물질을 뜻한다. 테트라졸 고리 두 개가 질소를 통해 연결된 아령 모양의 물질이 아조비스테트라졸인데, 구성하는 원소가 10개의 질소와 2개의 탄소, 2개의 수소만으로 지나치게 깔끔하게 이루어져 균형이 맞지 않을 듯한 불안정함의 기운이 스멀스멀 풍긴다. 형성된 물질을 거름종이와 깔때기로 분리할 수 있는데, 이 과정에서 폭발해 모든 유리 기구를 산산조각 낸 모습이 논문으로 발표될 정도다.

여기서 멈출 수 없다. 만약 더 많은 질소를 이어 붙이면 어떨까. 이번에도 강력하고 불안정해질 것으로 예상되는데, 이름도 독특한 아지도아자이드 아자이드Azidoazide azide라는 잘못 쓰인 것이 아닐까 싶은 물질이 등장한다. 무려 14개의 질소와

2개의 탄소만으로 이루어진 화학 분자다.[10] 자석의 두 극을 대본 경험이 있다면 같은 극끼리 밀어내고 다른 극끼리는 달라붙는 자연스럽고 절대적인 규칙이 연상된다. 아지도아자이드아자이드가 얼마나 불안정한가는 폭발을 일으키는 자극의 종류들을 나열해보면 헛웃음과 함께 이해할 수 있다. 아지도아자이드 아자이드는 건드리면 폭발한다. 여기까지는 뇌산 물질들과 다를 바 없지만, 놓아둔 용기를 움직여도 폭발한다는 차이가 있다. 조금 아쉽다면 다음 조건들을 기억하자. 진동이 가해지면 폭발하고, 유리 위에 가만히 놓아둬도 폭발한다. 용액에 넣으면 왜인지 폭발하며, 밝은 빛이 닿는 순간 폭발한다. 오로지 폭발하기 위해 탄생한 물질이 아닐까 싶은 정도다. 아직 실용성은 없으니 누군가 아자이드라는 단어를 반복적으로 말한다면 재빨리 멀찌감치 도망치자.

과학의 역사를 바꾼 민감한 질소 폭발물도 있으니, 하나의 질소가 3개의 염소와 결합한 삼염화 질소NCl_3에서 시작된다. 과학 수업에서 분자 구조를 배울 때 단골로 등장하는 물질이지만, 현실에서는 위험한 화합물이다. 그 시작은 1811년 열에 대한 연구인 '뒬롱-프티의 법칙'으로 유명한 프랑스의 화학자 피에르 루이 뒬롱Pierre-Louis Dulong이 처음 합성에 성공하면서부터다. 뒬롱은 실험 도중 두 번의 폭발 사고를 겪는데, 손가락 3개를 잃고 한쪽 안구에 손상을 입게 된다. 실험실 안전 수칙 중에는 보안 장비 착용이 있는데, 아마 당시에는 보안경이나 안전 장갑 등이 개발되지 못해서일 것이다. 더 큰 문제는 심각한 안전 수칙 위반을 감행하면서도 사고를 주위에 알리지 않았다는 것이다. 만약 당시 과학자들에게 위험성이 전달되었다면 더 많은 주의를 기울였겠지만 그러지 못했다. 이는 칼륨과 나트륨, 칼슘, 스트론튬Sr, 바륨Ba, 마그네슘과 붕소의 일곱 원소를 최초로 분리해 발견했으며, 염소와 아이오딘I의 성질을 규명한 위대한 화학자 험프리 데이비Humphry Davy가 같은 실험에서 폭발 사고로 눈을 다치는 사건으로 이어진다. 영구적인 부상이 아니어서 회복되었지만, 데이비의 부상은 역사상 위대한 과학자 중 한 명이 무대에 오르는 계기가 된다. 조수의 도움이 필요해진 데이비는 이전부터 가르침을 청하며 따라다니던 젊은 팬을 고용하는데, 그가 바로 마이클 패러데이다.

주기율표에서 세로줄로 구분하는 족族, group은 유사한 화학적 성질을 갖는 원소들의 묶음이다. 그렇다면 염소보다 아래 자리한 다른 원소들도 폭발성을 보일까? 한 칸 아래 브로민Br이 질소와 결합한 삼브로민화 질소NBr_3는 브로민 발견 이후 160여 년이 지난 1975년이 되어서야 합성에 성공한다. 민감성을 비교한다면 드라이아이스보다 더 차가운 −100℃에서도 폭발하는 물질이다. 한 칸 더 아래 아이오딘이 포함되는 순간 어떻게 만든 것일지 믿어지지 않는 민감성이 나타나는데, 모기가 위에 앉기만 해도 그 충격으로 폭발한다. 어떻게 그 사실을 알아냈는가 하니, 실제로 모기가 앉는 순간 폭발하는 모습이 영상으로 남아 있어서 의심할 여지 없는 사실이다.

이 정도로 민감한 물질들은 실제로는 사용할 수 없으며, 단순히 위험하고도 흥미로운 물질로 언급하는 데 그친다. 적어도 우리가 제어할 수 있는 수준이어야 기폭약으로서 쓸모가 생기며, 뇌관을 제작하는 데 사용할 수 있다.

멸망을 대비하는 생활 화학 제조법

1단계 TATP를 만들지 않도록 주의

자체적으로 선정했던 위험한 폭발물 7위에 빛나는 TATP는 '악마의 폭발물'이라는 별명에서 느껴지듯 여러모로 사악하다. 강력한 폭발력과 극히 높은 민감도, 만들기 쉽다는 장점으로 모든 비합법적 폭발성 무기 기반 극렬 저항 세력(테러리스트)이 관심을 보이는 물질이다. 만들기 쉽다는 의미는 우리가 합성법을 상의하며 만드는 과정만 쉬운 게 아니라 재료도 구하기 쉬운 것들이어서 우연히 폐수통이나 하수구에서 혼합되어 폭발할 위험성이 도사린다는 것과 같다. 한 사례를 바탕으로 이 위험성을 논의해보며 여러분의 삶과 안전을 지켜보려 한다.

모든 과산화물은 위험하다. 그중 만들기도 다루기도 최악의 물질은 편의상 분자식 자체를 발음 그대로 읽곤 하는 '푸프FOOF'로 꼽힌다. 부식성이 강한 유독성 원소로, 발견 과정에서 수많은 화학자에게 부상과 죽음을 가져다주었던 플루오린F 원자 두 개가 과산화-O-O- 형태로 결합한 물질이다. 다행이지만 실수로라도 이 물질을 만들 일은 없다. 무려 700℃로 가열된 블록 내부에 산소와 플루오린 혼합물을 통과시켜야 하기 때문인데, 독성과 폭발성을 갖는 이 물질을 초고온에서 만들어야 한다는 점이 엄청나게 부담스럽다. 처음 이 과정에 도전한 사람들을 이해하기 어렵지만, 그것이 과학의 발전이니까 의미는 깊다.

TATP의 재료는 아세톤과 과산화 수소가 전부이며, 소량의 황산 등을 촉매로 반응시키면 된다. 2017년 2월 영국 브리스톨대학에서는 한 박사 과정 학생이 실수로 TATP를 만드는 사건이 있었다. 악의적인 목적이 아닌 이미 출판된 논문의 실험 과정을 따라가던 중 발생한 일이었다. 정확히는 아세톤 용매에서 진행된 아염소산염 산화 반응의 처리 과정이었는데, 부산물을 제거하기 위해 30% 과산화 수소를 소량 첨가하라는 지시가 포함되어 있었다. 노란색 부산물이 제거된 현상이 관찰되어야 했지만 여전히 남아 있었고, 과산화 수소의 양이 부족한 것으로 오해한 나머지 소량만 넣으라는 지침을 잊고 계속해서 추가하게 된다. 실험자는 50mL라는 엄청난 양을 넣은 후 무언가 잘못되었다는 사실을 깨닫는다. 다행히도 즉각 실험을 멈췄는데, 원래 방식대로라면 회전식 증발기로 빨아들이며 건조하는 과정으로 넘어갔을 것이고, 이론상 40g의 TATP가 만들어졌을 반응 조건이었기에 폭발해 사망 사고로 이어졌겠다.

이 예기치 못한 사고는 폭발물 처리반이 출동해서 통제 폭파함으로써 해결되었다. 이미 액체의 점성이 조금씩 높아지는 위험한 순간이어서 회수하거나 분해할 수 없게 되었고, 교내에서 폭파하는 것이 유일한 해결책이었다고 한다. 이처럼 우리가 쉽게 사용하는 아세톤과 과산화 수소만으로도 위험한 폭발물이 만들어지니 화학물질의 폐기에는 주의를 기울여야 한다. 그리고 비상시가 되어 TATP를 만드는 순간이 오더라도 신중하게 행동하자.

2단계 삼아이오딘화 질소

소량 합성으로 충격 폭발의 예시를 화려한 보라색 연기와 함께 관찰할 수 있는 삼아이오딘화 질소^{NI_3}의 합성은 대부분 대놓고 공개하지 않지만 매우 간단히 가능하다. 일반적인 실험실 합성 방식과 작은 폭발만 가볍게 일으키기 위한 안전한 약식 방법으로 나눌 수 있다. 두 경우 모두 재료는 간단히 아이오딘 고체 결정^{I_2}과 암모니아가 전부다. 물론 고순도로 대량 합성하려면 다른 방법을 사용해야겠지만, 고순도 대량 합성은 대형 사고를 의미하기에 우리에게는 시행할 이유가 전혀 없다.

정석적인 합성 방식으로는 실험용 유리그릇에서 아이오딘과 암모니아를 섞은 후 5분가량 놓아두는 것으로 끝난다. 이후 거름종이와 깔때기를 이용해 여과한 후 거름종이를 상온에서 안전하게 건조하면 삼아이오딘화 질소가 적재된 종이 샘플이 완성된다.

더 안전하게 하려면 아예 거름종이 위에 아이오딘 분말을 올려

둔 후 암모니아수를 한 방울씩 떨어뜨려 충분히 적셨다가 건조하면 된다. 아예 충격 폭파 실험을 하려는 위치에서 건조하기를 권장하며, 멀리서 막대기로 내려치거나 레이저 포인터 등으로 에너지를 가하면 '팡' 소리와 함께 흩날리는 적갈색 분말 연기를 관찰할 수 있다. 가정에서도 실험할 수 있는 수준이지만, 폭발 후 잔여물 처리가 번거롭다는 점은 명심하자. 만약 아이오딘이 없다면 빨간약이라는 이름으로 통용되는 아이오딘팅크처(요오드팅크)를 과산화 수소로 처리하면 석출할 수 있으니 참고하자.

2초 전

무정부주의자의 요리책

이 책은 평화주의자에게는
불편한 책이 될 것이다.
그러나 우리는
평화주의자가 아니다.

—《무정부주의자의 요리책The Anarchist Cookbook》

관심이 있는 사람이라면 한번쯤 들어본 적 있을 책이《무정부주의자의 요리책》이다. 이미 제목부터 어떤 흥미진진한 내용으로 가득할지 기대되지만, 우리는 이러한 종류의 책을 금서禁書라 부른다. 책의 출간이나 판매가 금지되는 이유는 다양하다. 국가의 기본 방침과 어긋나거나 사회적 물의를 일으킬 수 있는 경우, 차별을 부추기거나 젊은이들의 사상을 왜곡할 수 있는 경우 등이 대표적이다. 그런 면에서《무정부주의자의 요리책》은 금서로서의 요건을 완벽히 넘치도록 만족한다. 이 책은 우리 모두를 무정부주의자 혹은 무력 항쟁을 준비하는 독립투사나 게릴라 반군으로 가정하고 피와 살이 될 지식으로 가득 채워져 있다. 그래서는 안 되지만 언젠가는 큰 도움이 될 수도 있는 이 책의 내용이 궁금할지도 모르겠다. 하지만 이제 이 화학계의 금서는 서적으로는 구하기 어렵다. 여기서라도 그 내용을 조금이나마 함께 풀어보는 소중한 기회를 나눠보자.

어떤 화학의 금서목록

한때 유행했던 만화 및 소설로 《어떤 마술의 금서목록とある魔術の禁書目録》을 기억하는 마니아도 분명히 있을 것이다.[1] 영국 청교도 소속 수녀인 주인공은 10만 3,000권의 마도서 내용을 모두 외우고 있으며, 이러한 마도서는 일반인에게 위험한 내용으로 여겨져 금서로 지정되어 있다. 주인공이 걸어 다니는 10만 3,000권의 금서이기에 금서목록이라는 별명으로 불리는 설정이 있다. 실제로는 금서가 수십만 권이나 될 리가 없지만, 다양한 역사적인 이유로 금서로 구분되어온 책들이 있다.

가장 유명한 금서로는 《마녀를 심판하는 망치Malleus Maleficarum》를 꼽을 수 있다.[2] 독일의 도미니코 수도회 소속 수도사인 하인리히 크라머Heinrich Kramer가 주도적으로 집필했으며 교황 인노

첸시오 8세의 교서가 서문에 실렸다. 교황의 권위를 등에 업고 출판된 책으로 일반적인 종교 관련 서적으로 보이지만 내용은 깊고 어둡다. 마녀의 존재를 증명하고 마녀의 해악을 설명하는 것으로 시작해, 마녀의 마법과 문제를 다룬다. 가장 위험한 3부에서는 마녀를 색출하고 재판하는 법적 절차는 물론이고, 고문 방법까지 상세히 다룬다. 이 책에서 본격적인 중세 마녀사냥의 이론적 근거가 탄생했으며, 수십만 명의 무고한 사람이 마녀로 몰려 처형당하는 결과를 낳는다. 심지어 우리에게는 위대한 발명이라고만 생각되는 요하네스 구텐베르크의 활판 인쇄술 덕분에 유럽 전역으로 빠르게 퍼져나간다. 내용과 더불어 파급된 결과가 인류 역사에서 매우 어리석고 커다란 비극으로 연결되어서 역사적으로 악명 높은 금서 중 하나로 평가한다.

그 외에도 금서는 다양하다. 니콜라우스 코페르니쿠스가 지동설을 주장했던 《천구의 회전에 관해De revolutionibus orbium coelestium》는 과거 가톨릭교회의 교리를 위배한다는 이유로 금서목록에 오르며, 갈릴레오 갈릴레이의 모든 저서도 같은 운명을 따른다. 가학적인 성적 취향을 의미하는 사디즘sadism의 어원이 될 정도로 논쟁적 인물이었던 도나시앵 사드Donatien A. F. de Sade가 1785년 바스티유 감옥에 갇혀 있을 때 남긴 미완성 소설인 《소돔의 120일 혹은 방탕주의 학교Les 120 Journées de Sodome ou L'École du Libertinage》를 들어본 독자도 있을 것이다. 인간의 욕망과 쾌락은 어떠한 제약도 받아서는 안 된다는 극단적인 방탕주의 사상으로 가득한 이 책은 선정적이며 폭력적이고 변태적인 금서다.

이보다는 덜 하지만 비행기 사고에서 살아남은 사람 두 명이 염소로 변하는 이야기로 이슬람 경전에 대한 왜곡이 서술된 《악마의 시The Satanic Verses》나, 보수적이었던 20세기 초를 배경으로 전쟁에서 하반신 마비가 된 남편을 둔 여성이 사냥터지기와 사랑에 빠지는 《채털리 부인의 연인Lady Chatterley's Lover》 역시 금서로 취급된다. 이제는 명작 소설로 자주 읽히는 《멋진 신세계Brave New World》나 《동물농장Animal Farm》, 《분노의 포도The Grapes of Wrath》 역시 금서로 구분되던 시대가 있었다.

그런 의미에서 우리가 함께 이야기할 《무정부주의자의 요리책》은 가장 담백하게 정제된 지식과 정보만 다루면서 금서의 반열에 오른 명예 아닌 명예를 보유했다. 결론부터 말하자면 이 책은 폭발물 제조법과 총기를 비롯한 무기 조립법 등을 다룬다. 그것도 요리책이라는 묘사에 걸맞게 전문화된 기관이나 실험실이 아닌 부엌에서 만들 수 있을 정도로 최대한 간단하고 효율적으로 제조하는 과정이 쓰여 있다.

저자인 윌리엄 파월William Powell은 분노로 가득 찬 10대 청소년이었다. 책이 쓰인 1971년은 베트남 전쟁이 한창이던 시기로 반문화 운동이 전 미국을 휩쓸고 있었는데, 19세의 파월은 징집영장을 받고 베트남 전쟁에 참전해야 하는 상황에 부닥쳤다. 그 심정은 걷잡을 수 없는 분노와 좌절이었을 것이다. 그는 평화적인 반전운동이 더는 효과가 없다고 생각하며 반전을 위해 전쟁을 벌인다는 다소 기이한, 하지만 질풍노도의 10대에게는 자연스러울 수 있는 생각에서 책을 쓰기 시작한다. 160페이지에 달하는 책을 쓰는 데 단 3주만 소요되었다는 데서 파월의 거대한 불만과 분노를 짐작할 수 있다. 전문적인 교육을 받은 것도 아니고 인터넷도 없던 시절에 뉴욕 공립 도서관에서 군사 서적과 화학 교재, 심지어 보이스카우트 안내서까지 참고하며 모든 지식을 기록한다.

출간 직후부터 이 책의 파장은 컸다. 실제로 여러 테러리스트와 총기 난사범에게 영감을 주거나 직접적인 참고 자료로 사용되었다는 논란이나 제보가 있었으며, 당연히 여러 국가에서 수입이나 출간이 금지되는 명실상부한 금서가 된다. 그런데도 총기 문제가 가장 흔한 미국에서는 정식으로 출판되었는데, 수정헌법 제1조의 '표현의 자유' 덕분이었다.

그렇다고 저자인 파월이 끝내 무정부주의자의 길을 걸어간 것은 아니었다. 이후 이 저주받은 금서가 계속 유통되는 것을 막으려고 노력했지만, 저작권이 출판사에 넘어간 상태였기에 많은 사람에게 책이 공급된다. 파월의 심정과 후회는 2016년 베네치아국제영화제에서 처음 상영되었던 〈아메리칸 아나키스트American Anarchist〉를 통해 찾아볼 수 있다.[3]

청소년이 사회에 불만을 가지고 써내려간 책이라 해서 전문성이 떨어진다고 치부하긴 어렵다. 이후 2010년대에 들어서며 미국 국방부나 해병대를 통해 몇 종의 책이 출간되는데, 거의 모든 상황 속 부비트랩과 사제 폭발물 설치 전략을 기술한《미 육군을 위한 부비트랩 안내서U.S. Army Guide to Boobytraps》나 미 육군 특수부대 비정규전 안내서로 소이탄과 점화 기술을 소개하는《비정규전 안내서Guide to Unconventional Warfare》 등이 대표적이다(참고로 당연히 필자는 모두 보유 중이다). 항간에서는 미군이《무정부주의자의 요리책》 속 부정확한 내용들로 사고가 빈번히 발생하니 이를 바로잡기 위해 출간했다는 소문이 돌기도 했으나 사실은 아니다. 다만 많은 내용이 간이로 수행하기에는 꽤 정확한 편이지만, 전문적인 지식이 전혀 없는 상황에서 무심코 따라 하다가는 큰 사고로 이어질 수 있으니, 흥미에서 관심을 멈추자. 물론 우리는 이번 기회에 화학계의 저주받은 이 금서를 조금만 더 자세히 뜯어보고자 한다.

무정부주의자의 요리책

먼저 다시 한번 이 책의 한계를 짚고 넘어가자. 이 책은 1970년대 초에 국가와 사회에 불만을 품은 19세 청소년이 3주 만에 집필한 책이며, 직접 실험과 검증을 통해 안전이 확인된 안내서가 아니다. 이렇게라도 비평화적 대응을 하려는 사람들을 위해 한정된 환경에서 할 수 있는 최대한의 저항을 촉구하는 만큼 안전을 보장하지 않는다는 점을 염두에 두자.

책은 크게 세 가지 주제를 다룬다. 첫 번째는 마약류, 두 번째는 폭발물과 부비트랩, 세 번째는 무기류다. 《들뜨는 밤엔 화학을 마신다》에서 기호식품인 술로 가벼운 몸풀기를 끝낸 우리는 지금 조금 더 강하고 화끈한 폭발물에 관한 금지된 이야기를 나누고 있다. 이 책의 마지막 페이지가 넘어간 후에는 생명체의 뇌를 마음껏 주무르는 마약 이야기를 본격적으로 꺼내볼 예정이지만, 가볍게 금단의 요리책을 통해 한두 가지만 살펴보자.

책을 소개하는 책이 되는 기이한 연쇄 반응을 피하기 위해서라도 《무정부주의자의 요리책》 속 오류로 무엇이 있는지만 들려주려 한다. 모든 이야기의 시작은 대마초다. 대한민국에서는 불법이지만 바티칸과 팔레스타인을 포함한 전 세계 195개국 중 약 12개국이 대마를 서로 다른 정도로 허용하고 있으며, 최근에는 의료용 대마초의 허가가 점차 늘어나고 있다. 《무정부주의자의 요리책》에서는 사람들이 화장실 변기에 씨앗을 버린 결과, 하수구에 '뉴욕 화이트New York white'라는 고효능의 대마가 대량으로 자라고 있다고 주장한다. 비가 오면 발생하는 하수구 막힘과 홍수의 원인이라고도 강조하지만, 현실성이 없다. 드라마나 영화의 불법 대마 재배 현장은 밀폐된 실내에서 조명만으로 생장이 가능한 특별한 식물처럼 그려지지만, 대마도 일반적인 풀일 뿐이다. 광합성을 위해서는 태양광이 꼭 필요하며, 실내에서 키울 때 쓰는 조명은 태양광과 유사한 파장이 사용된 것일 뿐이다. 대마가 빛이 닿지 않는 하수구에서 무성하게 자라는 것은 불가능하다.

또 바나나 껍질에서 약하고 지속 시간이 짧은 환각 물질인 '무사 사피엔툼 바나나딘Musa Sapientum bananadine'을 추출하는 방법도 알려준다. 약 7킬로그램의 바나나 껍질 안쪽을 긁어내고 끓여 검은 가루를 얻을 수 있으며, 이를 피우면 환각을 느낄 수 있다는 흥미로운 정보다. 유일한 단점이 있다면 바나나딘이라는 물질은 세상에 존재하지 않으며, 1960년대에 소문으로 떠돌던 허위 정보라는 것이다. 혹시라도 바나나 껍질에 미량의 환각 물질이 있진 않을지 설렜다면, 이미 정밀 분석을 통해 어떠한 환각 물질도 존재하지 않음이 드러났으니 꿈을 버리자.

요리책의 본질을 잃지 않으려고 재배한 대마로 수프나 미트볼, 스파게티 소스를 만드는 조리법 등이 쓰여 있기도 하다. '무엇무엇을 준비해서 섞어 만드세요' 수준으로 간단하긴 하지만 어쨌든 요리책의 형태를 갖췄다. 하지만 곧이어 유명한 향정신성 물질인 리세르그산 다이에틸아마이드lysergic acid diethylamide, LSD가 등장하며 선불리 제조법을 언급한다. 화학자로서 말하건대 LSD는 부엌에서 간단히 만들 수 있는 물질이 아니다. 메스암페타민(필로폰)이나 MDMA(엑스터시) 정도는 마음먹는다면 간단히 합성할 수 있다. 하지만 LSD는 다양한 유해 화학물질과 위험한 반응이 포함되어서 누구나 쉽게 할 수 있는 작업이 절대 아니다. 나팔꽃 씨앗에 함유된 리세르그산 아마이드를 전구체로 추출해 합성할 수 있다는 접근은 충분히 현실적이나 그 과정은 화학 실험실에서 이루어져야 한다.[4]

마약류 물질보다 폭발물과 부비트랩에서 알려주는 합성 방식은 매우 효율적이지만 어떠한 안전도 보장하지 못한다. 가장 먼저 언급되는 나이트로글리세린의 조리 과정을 살펴보며 "이건 조금 위험하지 않을까?" 하는 생각이 몇 번이나 드는지 각자 세어보자.

① 가장 먼저 75mL의 실험용 유리그릇에 13mL의 적연 질

산red-fuming nitric acid을 담는다. 적연 질산은 로켓 추진제의 저장성 산화제로 사용된다. 84%의 질산과 13%의 사산화 이질소N_2O_4가 단 2%의 물과 함께 녹아 있어서 흔히 98% 질산이라고도 불리며, 부식성이 강해서 부식 방지제가 첨가되지 않으면 물질들을 산화시키기 시작한다. 일반적으로 '진한 질산'이라 불리는 농축된 화학 실험용 질산 원액의 농도가 68~70%이며, 농도가 86% 이상이면 개봉하자마자 연기가 뿜어져 나온다. 그중에서도 시뻘건 연기가 솟구치는 질산을 쪼르륵 따라 담는 것이 부엌에서 할 첫 작업이라고 제안한다.

② 실험용 유리그릇를 얼음에 담가 적연 질산을 실온 이하로 충분히 냉각한 후, 99% 발연 황산을 26mL 넣어 적연 질산-발연 황산 혼합물을 만든다. 이 과정에서 천천히 혼합해 튀지 않도록 안전에 주의하라는 문구가 포함되어 있다. 발연 황산은 98%의 진한 황산에 삼산화 황SO_3을 추가로 녹여 만든 끈적한 액체 물질이다. 이름 그대로 사용할 때 흰 연기를 뿜어낸다.

③ 수은 온도계를 이용해 온도를 점검하며 충분히 냉각되었다면 천천히 조심스럽게 글리세린을 넣어준다. 산 용액의 표면이 글리세린으로 완전히 덮일 만큼 넣어준다.

④ 이제 위험한 단계다. 글리세린이 첨가되며 질산화가 바로 진행되어 열이 발생하는데 30℃를 넘지 않게 유지하라. 만약 30℃가 넘는다면 즉시 실험용 유리그릇을 얼음통에서 빼내 내용물을 얼음에 부어라. 폭발을 막을 수 있다.

이후는 조심스러우면서도 잔여물과 산을 충분히 제거하는 분리와 정제 과정을 거친다. 마지막 확인은 만들어진 나이트로글리세린을 금속판 위에 소량 올려두고 불을 붙였을 때 깨끗한 푸른 불꽃이 관찰되는 것으로 마무리된다. 대략적인 4단계 과정에서 불안감이 느껴진 곳이 분명히 있었으리라 생각한다. 적연 질산이나 발연 황산을 부엌에서 사용하면 온갖 것이 부식되며, 조금만 살갗에 튀어도 큰 부상으로 이어진다. 그리고 질산화 반응의 발열은 생각보다 강렬해서 아마도 설명대로 넣었다가는 깜짝 놀랄 만한 일을 마주할 수 있다. 수은 온도계는 갈린스탄Gallinstan과 같은 무해한 액체 금속으로 대체되어 더는 사용되지 않는 위험한 물건이다. 게다가 비상시 대응이 강산성 용액에서 반응 중인 폭발물을 얼음에 쏟는 것이라니, 뒤처리도 쉽지 않겠다.

《무정부주의자의 요리책》에서는 민감성이 높아 약간의 마찰에도 폭발하는 삼염화 질소의 조리법도 알려주는데, 차라리

나이트로글리세린이 낫다. 시작부터 실험실에서도 보관과 사용을 꺼리는 염소 가스를 실험용 유리그릇에 담아두고 질산 암모늄 수용액을 다른 유리그릇에 담아 위에서 뒤집어 한 번에 섞으라고 제안한다. 염소 가스를 구해 사용할 수 있는 사람이라면 충분히 혼자만의 전쟁을 벌일 능력이 있지 않을까? 그리고 만들어진 삼염화 질소는 당신을 될롱이나 데이비처럼 부상자로 만들고야 말 것이다.

그 외에도 《무정부주의자의 요리책》에서는 TNT나 피크르산, 테트릴, 흑색화약 등의 제조법을 안내한다. 물론 우리도 그 합성법을 요리가 아닌 생존을 목적으로 소개했지만, 구체적인 용량을 언급하지 않은 것은 우리의 알 권리와 하지 않을 의무 모두를 충족시키기 위한 불가피한 선택이었다. 이유는 간단하다. 이 모든 것이 불법이기 때문이다. 앞서 대마는 일부 국가가 허용했다고 하지만, 폭발물 합성이나 사제 폭탄의 제조가 합법인 나라는 타국의 침공으로 시가전이 이루어지고 있거나 남녀노소를 가리지 않고 무력 항쟁에 참여 중인 경우 외에는 없을 것이다. 러시아의 침공 이후 우크라이나 공영방송에서 몰로토프 칵테일 만드는 방법을 국민에게 전파하던 일을 예로 들 수 있겠다. 이 모든 행위가 암묵적으로 허용되려면 항쟁의 도구로 사용되는 상황이 필요하다. 결국 불특정 다수를 대상으로 삼아 스스로 인간이길 포기한 폭탄 테러가 아닌 불가피한 투쟁은 그 자체로 비극적인 상황에 놓여 있음을 의미한다.

빈자의 핵무기, 투쟁의 봉화

저가형, 보급형, 비상용 등의 표현은 완전한 형태로 구현하지는 못하지만 필수적인 요건과 기능을 충족하는 유사 품목에 적용되곤 한다. 특히 고도의 과학 기술과 대량의 자금이 필요한 무기 개발과 생산에서는 국가와 세력의 빈부 격차가 무력 차이를 극대화한다. 그렇다고 모든 것을 내려놓고 지배당하기를 선택하는 것은 있을 수 없는 이야기다. 이미 전쟁이나 협약에 따라 속국으로 전락하거나 병합된 상황에서도 자주독립을 목표로 삼고 투쟁을 이어가려면 그야말로 어떻게든 해야만 한다. 물론 고국의 독립을 위한 숭고한 항쟁이 아니라 무분별한 테러 행위에도 폭발물은 시각적으로나 효율적으로나 최고의 선택이 된다.

인간이 만들어낸 가장 강력한 폭발물인 핵무기는 혼자만의 힘으로 구현할 수 없다. 맨해튼 프로젝트 당시에도 수십만 명의 인원과 현재 가치로 약 50조 원이 투자되었을 정도로 검증되지 않은 최초의 비효율적인 작업이었다. 그만큼 핵무기의 보유는 아무에게나 허락된 영역이 아니다. 하지만 광범위하게 영향을 미치는 핵무기가 아니더라도 사람들의 유동이 많은 번화가 같은 곳에서 발생하는 폭발 테러는 미디어의 보급으로 소식 전파가 빠른 만큼 적지 않은 파급력을 갖는다. 폭발물과 독을 '빈자의 핵무기'라 표현하는 이유가 여기 있으며, 지금도 다양한 방식으로 폭발물을 이용한 사건 사고 소식이 들려오곤 한다.

각자의 처지에 따라 다르게 해석할 수 있으나 완벽히 무관한 3자의 시선에서는 모든 투쟁 운동이 테러로 규정될 수도 있겠다. 그럼에도 우리로서는 팔이 조금은 더 안으로 굽을 수 있는 항일 무력 항쟁에서 사용했던 폭발물 이야기를 들여다보자. 일제강점기 당시 3·1 운동 같은 비폭력 독립운동 외에 의지를 굽히지 않는 무력 항쟁도 꾸준히 이뤄졌다. 하지만 엄중한 감시 속에서 품질이 좋은 폭발물이나 화학물질을 구하기는 쉽지 않았다. 또한 서양 문물의 유입이 늦어져 자주국방에서 뒤처졌던 상황이어서 재료가 있다 한들 제대로 된 급조폭발물을 제작하는 것도 쉽지 않았다. 예를 들어 1921년 김익상 의사의 조선총독부 폭탄 투척 사건이 결사적인 모험 끝에 단행되었음에도 마룻바닥에 작은 구멍을 뚫고 사무실 집기를 파괴하는 데 그친 것은 폭탄 성능이 부실했기 때문일 것이다. 심지어 투척한 폭탄 두 개 중 하나는 불발탄이었다. 무력 항쟁에서 그 무엇보다 중요한 것은 강력한 폭탄을 얻는 것이었다.

이제는 다소 알려진 인물이지만, 당시 의문의 헝가리인 조력자 '마자르'가 등장한다. 헝가리는 자국을 머저로르사그 Magyarország라고 불렀는데 여기서 유래한 가명으로 여겨진다.[5] 뛰어난 폭탄 제조 기술을 보유했던 마자르는 의열단을 도와 자기 기술을 전해주며 목적에 따라 구분된 세 가지 폭탄을 제공한다. 일본 경찰이 파괴용이라고 부르는 첫 번째 폭탄은 커다란 통조림 모양의 크고 무거운 폭탄으로, 설치 후 기폭하는 방식으로 작동되었다. 방화용이라고 부른 두 번째 폭탄은 이보다 작아서 중량이 980g이고 외부 발화용 장치가 달렸다. 현재 사용되는 표준적인 군용 수류탄과 비슷한 구조로, 격철이 뇌관을 때려 발화시키는 방식이었다. 마지막으로 암살용이라고 부른 폭탄은 갸름한 병 모양인데, 내부에 다량의 백린이 담겨 있어 인체에 닿으면 공기 중의 산소와 만나 자연 발화하며 꺼지지 않고 계속해서 불타는 잔혹한 무기라는 점이 특징이었다. 백린은 '그리스의 불'의 핵심 재료 중 하나로 추정되기도 했던 것처럼 끈적하게 달라붙어 계속해서 타오르는 독특한 성질을 갖는 물질이다. 당시 인의 가열 승화로 백린을 얻는 방법은 이미 널리 알려져 있었지만, 이를 시행해 폭발물을 제조할 수 있을 정도의 기술이 의열단에게 전파된 것만으로도 마자르의 공헌을 느낄 수 있다.

과연 항일 독립운동 당시 사용되었던 우리나라의 폭탄은 정확히 어떤 것이었을까? 약간은 낯설 수 있지만 다이너마이트와 더불어 알프레드 노벨이 발명한 젤리그나이트gelignite라는 물질이었다. 젤리그나이트는 이제껏 만난 고전적인 폭발물들의 조합으로 이루어진다. 첫 번째 재료는 나이트로셀룰로스를 용액에 녹인 콜로디온이며, 여기에 나이트로글리세린과 나이트로글라이콜nitroglycol이라는 불안정하고 강력한 고폭약들이 혼합된다.[6] 당시 알려진 강력하고 위태로운 물질을 모조리 뒤섞은 형태로 일종의 '죽음의 칵테일'이라 볼 수 있다. 취급에 따라 폭발할 위험이 있어서 펄프 등을 섞어 가공하면 젤리그나이트가 완성된다. 1866년 다이너마이트의 발명으로부터 9년 후인 1875년 발명된 물질이며, 퓨즈를 꽂아 넣어 점화하게 된다.

이처럼 과거의 폭발물 항쟁은 명확한 목표를 가졌다. 지배 권력의 핵심부를 향해, 혹은 억압적인 체제를 상징하는 대상을 향해 사용되었다. 이는 단순히 폭력을 행사하는 것을 넘어 정치적 메시지를 전달하고, 대중의 각성을 끌어내며, 궁극적으로는 자유와 독립이라는 거대한 목표를 이루려는 절박한 몸부림이었다. 폭발물은 힘없는 개인이 감히 상상할 수 없었던 저항의 가능성을 보여주는, 이름 그대로 빈자의 핵무기이자 불의에 맞서는 마지막 희망이었다.

그러나 현대 사회의 폭발물 테러는 과거의 항쟁과는 의미와 성격이 완전히 달라졌다. 오늘날의 폭탄은 특정 권력을 겨냥한 투쟁의 도구가 아니다. 그보다는 불특정 다수를 향한 무차별적인 폭력의 수단으로 변질되었다. 9·11 테러, 보스턴 마라톤 테러, 파리 연쇄 테러 등 수많은 사례가 보여주듯, 현대 테러리즘의 특징은 민간인을 대상으로 한다는 점이다. 과거의 폭탄이 특정 권력 기관을 향한 저항이었다면, 현대 사회의 폭탄은 사회 전체를 향한 불만과 증오의 표출이자, 힘없는 개인이 사회에 균열을 일으키려는 비뚤어진 시도로 해석될 수 있다.

우리는 사회과학적인 시선에서 변질된 현대 테러리즘의 특징을 구분해볼 수도 있다. 예를 들어 명확한 적과 목표를 규정하기 어려운 모호성, 정치와 종교적 이념을 떠나 사회적 소외감과 개인적 좌절감에서 비롯된 동기의 다양성, 실시간으로 퍼지는 정보를 타고 증폭되는 공포와 모방 범죄 유발로 이어지는 미디어의 의도치 않은 부정적 효과 정도가 있겠다. 하지만 이러한 심도 깊은 논의와 고찰은 독자 여러분이 자기만의 시간을 즐기거나 침대에 누워 잠들기 전 상상하는 순간을 할애해 얼마든지 스스로 이어갈 수 있다. 지금은 우리만의 이야기와 관점으로 얼른 돌아가보자.

시간이 흘러 정보의 바다가 펼쳐지며 세상은 또다시 격변한다. 1970년대 뉴욕 공립 도서관에서 책을 통해 지식을 얻어야 했던 파월의 시대는 막을 내렸다. 이제는 누구나 손에 든 작은 기계를 통해 전 세계의 지식에 접근할 수 있다. 인류 역사상 가장 방대하고 위험한 데이터베이스인 인터넷은 과거의 낡은 금서들을 뛰어넘는 새로운 '금서 목록'이 되었다. 이에 따라 폭발물 제조의 문턱은 낮아졌고, 방식은 더욱 은밀하고 정교하게 진화했다. 과거의 폭탄이 저항을 바탕으로 한 '정신적인' 의미가 있었다면, 현대의 폭탄은 화학으로 이뤄진 '기술적인' 완벽성을 추구한다. 그 변화를 가장 극적으로 보여준 사건이 바로 많은 사람이 들어보지 못한 채 스쳐 지나갔을 2025년 뉴올리언스 폭발물 테러 미수사건이다.

2025년 1월 미국 뉴올리언스. 새해를 맞이한 사람들의 들뜬 분위기는 한순간에 멈춘다. 많은 바와 클럽이 있어 매년 수백만 명의 방문객이 찾는 뉴올리언스의 번화가인 버번 거리에서 정체를 알 수 없는 한 남성이 차량으로 시민을 무차별 공격하고 총기를 난사해 사망자 14명, 부상자 35명이 발생했기 때문이다.[7] 용의자 샴수드-딘 자바르Shamsud-Din Jabbar는 경찰에 의해 현장에서 사살되는데, 알고 보니 더 큰 사고가 터질 수 있었다는 충격적인 사실이 발견된다. 범인이 커다란 휴대용 아이스박스를 사람들이 오가는 길가에 놓아둔 모습이 CCTV로 확인

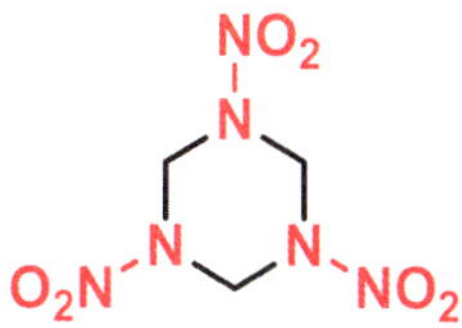

RDX

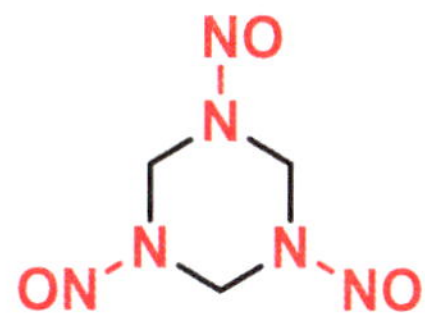

TNX

된 것이다. 경찰이 즉시 출동해 두 개의 아이스박스를 조심스레 분석해보니 다행히도 폭발하지 않았을 뿐 대형 사고로 이어질 뻔한 폭탄이었다. 현장에 투입된 조사팀은 평소대로 폭발물의 정체를 파악하는 작업에 착수했는데, 결과는 놀라웠다. 이 폭발물은 과거의 테러에서 사용된 적 없던 신종 물질이었다. 언론은 "미국이나 유럽에서 본 적 없는 희귀한 폭발물"이라는 제목으로 이 사건을 다루며 대대적으로 보도했다.

화합물 이름으로는 '헥사하이드로-1,3,5-트라이나이트로소-1,3,5-트리아진[Hexahydro-1,3,5-trinitroso-1,3,5-triazine]', 축약된 폭발물 이름은 구조의 핵심인 트라이나이트로소에서 비롯된 TNX[TriNitroso eXplosive]로 불린다. 구조를 살펴보면 비슷한 형태가 눈에 아른거린다. 바로 표준화된 현대 고폭약인 RDX다. 이 때문에 RDX와 유사한 종류의 물질이라는 의미로 'R-Salt'라는 친근한 이름이 붙었다. 혹시 여느 때처럼 신문 기사가 다소 과장된 것은 아닐지 의심스러울 수 있겠지만 R-Salt가 사용된 기록은 정말로 없다. TNX의 성질을 분석한 최초의 보고가 2024년 논문에서 이루어졌으며, 여전히 폭발 속도나 폭발 온도 등을 실험한 정량적인 위력 연구도 공개되지 않은 물질이다. 유사한 구조를 갖는 TNT나 RDX와 비교해 추산한다면, TNT를 웃돌며 RDX에 비견될 정도의 위력이지만 안정성이 떨어져 사용이 간단하지 않은 물질이다.

사실 이 물질이 주목받은 이유는 단순히 신종이기 때문만은 아니었다. 제조 과정이 앞서 살펴본 현대 테러리즘의 진화 양상을 그대로 보여줬기 때문이다. TNT나 나이트로글리세린은 폭발물 합성의 대명사였지만, 이들을 제조하려면 위험하고 통제하기 어려운 고농도 질산이나 황산을 다뤄야 한다. 하지만 TNX의 전구체(원료)는 RDX와 마찬가지로 헥사민이다. 헥사민은 암모니아와 폼알데하이드만으로 만들어지며, 요로 감염 치료에도 사용되는 의약품이라 소개한 바 있다. 조금 더 추가한다면 불꽃놀이용 제품 제조, 심지어 식당 등에서 음식 온도를 유지하려고 사용하는 하얀색 고체 연료에도 포함되는 흔한 물질이다. 고체 연료가 메탄올로 이루어졌다는 이야기를 들어본 독자도 있겠지만, 조금만 더 생각해보면 상온에서 메탄올이 왁스를 닮은 고체 형태를 이루며 온전하게 유지되는 모습에 의문을 가질 수 있을 것이다. 연기 없이 연소되며 높은 에너지 밀도를 가져 오랜 시간 열을 발생시킬 수 있는 이유도 헥사민에 있다.

RDX가 헥사민에서 합성되듯 TNX도 같은 방식이 사용될 수 있어 잠재적으로만 고려되었는데, 뉴올리언스 폭탄 테러 미수 사건에서 그 모습을 드러낸 것이다. 하지만 화려한 등장은 아니었다. 아이스박스 내부에는 파편 방출을 위한 대량의 금속 못과 폭발물, 기폭 장치가 포함되어 있었다. 하지만 다행스럽게도 기폭에 실패했는데, 그 이유는 부적절한 기폭 장치의 구성 때문이었다.

시작의 과학, 뇌관

아무리 강력한 폭발물을 만들었다 한들, 폭탄이 완성되는 것은 아니다. 폭발물은 스스로 터지지 않는다. 폭발물이 스스로 터지는 순간 무기가 아닌 사고로 돌변한다. 야외에서 고기를 구우려고 장작이나 숯에 불을 붙일 때 가까이 가져다 대도 의외로 쉽게 타오르지 않듯, 고폭약 역시 강한 충격이나 열, 혹은 충격파가 전달되어야만 폭발이 시작된다. 이 점화의 역할을 하는 것이 바로 뇌관이다. 일상에서도 쌓여 있는 분노를 자극하는 행태를 '뇌관을 건드린다'라고 묘사하는 것처럼, 다양한 형태로 축적된 에너지가 쏟아져 나오도록 만드는 자극과 시작의 순간을 결정하는 장치가 뇌관이다.

뉴올리언스 테러범의 폭탄이 불발된 것도 바로 이 뇌관에 문제가 있었기 때문이다. 즉, 폭탄의 성패를 가르는 것은 얼마나 강력한 폭발물을 제조했는지보다는 얼마나 안정적이고 확실한 방법으로 기폭을 일으키는가에 달렸다.

과거의 뇌관은 외부에서 강한 열에너지를 공급하는 방식에서 탄생했다. 흑색화약을 점화하기 위해 가까이에 불을 가져다 대려면 충분한 공간이 필요하며, 이는 무작위 방향을 향한 에너지의 낭비로 이어진다. 심지어 그 과정에서 사용자에게 공격이 가해질 수도 있다. 가장 안전한 방식은 멀리서 도화선導火線, fuse을 이용해 점화하는 것이며, 선의 길이에 따라 폭발 시점을 얼마나 늦출지 결정할 수 있다. 반대로 불이 붙은 상태로 유지되어 천천히 타오르며 방아쇠를 당기는 순간 옮겨지는 불이 점화를 일으키는 화승火繩, match은 총기에 선호된다.

기술의 발전은 성능, 편리함, 소형화를 열망하며 나아간다. 외부에서 직접 불을 붙이지 않고도 내부에 담긴 에너지를 이용해 터뜨릴 수 있다면 거추장스러운 선 없이 깔끔하게 보관하고 사용할 수 있다. 이전까지는 작은 자극으로 폭발하는 불안정한 화학물질들이 골칫덩이였다면, 이제는 민감한 성질이 장점으로 활용되어 강력하지만 안정한 화합물의 폭발을 유도

하는 1차 폭발물 역할을 하게 된다. 원하는 순간에 작동시키기 위해 퍼커션 캡percussion cap이라는 장치가 탄생하는데, 원리는 매우 간단하다. 총의 방아쇠를 당기면 공이치기hammer라는 작은 망치 모양 부품이 빠르게 움직이며 탄환의 뒷면을 때린다. 이 부분의 이름이 바로 뇌관이다. 충격은 캡 내부에 담긴 1차 폭발물에 기폭을 일으키며 그 충격파가 전해져 폭발이 이루어지는 방식이다. 요즘은 탄환과 퍼커션 캡이 일체형으로 만들어지는 경우도 많지만, 충격이 폭발로 이어지는 방식은 여전하다. 기관단총 같은 자동 화기도 같은 방식으로 이루어져 체계화된 기능 순환으로 급탄-장전-노리쇠 잠김-발사-노리쇠 풀림-탄피 추출-탄피 배출-공이치기 잠김의 8단계가 고속으로 이루어진다. 급탄 과정에서 발생할 수 있는 탄 걸림을 불평하지만, 이 복잡한 과정이 짧은 시간 안에 연속으로 이루어질 때까지 얼마나 많은 과학자의 땀과 눈물이 흘렀을지 생각한다면 감동적이고 아름다운 자동화의 참모습이 아닐 수 없다.

공이치기로 물리적 충격을 주는 방법은 분명히 기발하지만 아쉽게도 설치형 폭탄에는 사용하기가 어렵다. 리모컨으로 무엇이든 원거리에서 작동시킬 수 있는 지금과 본격적인 폭발물 시대가 열린 세계대전 당시는 상황이 다르며, 고민해야 할 부분들도 있다. 첫 번째는 안전 문제다. 물리적 충격이 폭발로 이어지는 방식은 만에 하나 설치하고 운반하는 과정에서 폭탄을 떨어뜨렸을 때 폭발할 위험이 있다. 탄환 한두 개가 잘못 발사되는 것과 전차나 건물을 날려버릴 수 있는 폭탄이 잘못 터지는 상황은 파급력의 차원이 다르다. 두 번째는 신뢰성과 정밀도의 문제다. 원격 조작으로 공이치기를 물리적으로 작동시킬 수는 있다. 하지만 공이치기는 복잡한 기계적 연결과 운동이 필요하며, 이 과정에서 오작동이나 지연, 걸림 등의 문제가 발생한다면 모든 것은 헛수고로 돌아간다. 전동기나 솔레노이드, 케이블 등 여러 부품이 필요한데, 역시나 외부 충격이나 습기로 노후화가 발생할 수도 있다.

이러한 문제점들을 해결하려고 현대에는 전기 기폭electric detonation 방식을 사용한다. 가장 기본적인 방식은 전류를 흘려보내서 백열전구 필라멘트를 가열해 빛과 열을 만들듯이 가연성 화합물에 불을 붙이는 전기 성냥electric match인데, 뉴올리언스 테러에서도 점화를 위해 전기 성냥이 사용되었다. 분명 도화선보다 훨씬 정확하고 안전하다는 장점이 있지만, 전기 성냥은 인화성 가스나 불꽃놀이의 점화처럼 간단히 인화되는 물질에 더 적합하다. 분말 형태의 폭약을 사용하는 파이프 폭탄 역시 강력한 분진 폭발을 일으키는 넓은 표면적으로 쉽게 화학 반응을 일으킬 수 있어서 전기 성냥을 쓰기에 적합하다. 하지만 계속해서 이야기했던 강력하지만 안정한 물질 RDX 같은 화합물의 기폭에는 부족하며, 유사한 구조와 특성을 가진 R-Salt에도 마찬가지였다.

어떤 방식을 사용했어야 기폭이 확실하게 일어났을까? 여기서 진정한 기술의 진화라고 부를 만한 슬래퍼 기폭기slapper detonator, 혹은 폭발 호일 개시 장치Exploding Foil Initiator, EFI가 등장한다. 전기 성냥의 다음 단계로도 볼 수 있는데, 콘덴서에 고전압의 전기를 축적하는 것에서 시작된다. 스위치를 닫는 순간 콘덴서의 전기가 빠르게 방전되며 기화하기 쉬운 구리나 알루미늄 같은 주위의 작은 금속 박막foil을 순식간에 기화시켜 플라스마를 형성한다. 이 플라스마가 폭발적으로 팽창하며 바로 옆의 작은 플라스틱 디스크를 초음속으로 밀어내는데, '찰싹 때리는 역할slapper'을 하는 플라스틱 디스크가 1차 폭발물에 충격을 가해 폭발이 유도된다. 단순히 기계적 에너지 전달에 의한 충격도, 전기 성냥의 고온을 통한 열적 기폭도 아닌 초고압 플라스마에서 시작된 초음속 운동 에너지 전달이어서 무엇보다도 확실한 기폭을 보장한다.

이러한 EFI 기폭 방식은 몇 가지 중요한 이점을 제공한다. 물리적인 충격이나 열에 민감한 1차 폭발물과 직접 접촉하는 대신 전기 신호로 원거리에서 기폭을 제어할 수 있어 안전하다. 그리고 전기로 구동되므로 마이크로초 단위로 제어할 수 있다는 정확성이 있다. 마지막으로, 불안정한 화학물질에 의존하지 않아서 신뢰성이 높고 불발이나 오발을 피할 수 있다.

뉴올리언스 사건의 불발은 그나마 다행스러운 일이었지만, 이는 동시에 현대 사회에서 폭발물을 이용한 테러가 얼마나 고도화되었는지를 보여주는 끔찍한 경고이기도 했다. 이제 폭발물은 단순한 화학적 지식을 넘어, 매우 정밀한 전자 기술과 결합한 완전한 형태의 무기로 진화하고 있다.

그렇다면 이 비극적인 불발은 우리에게 어떤 의미를 남기는가? 그것은 단순한 행운 이상의 것이다. 파월이 1971년에 집필했던 '요리책'이 미숙한 지식과 분노의 결과물이었다면, 2025년 뉴올리언스의 불발탄은 정교해진 기술과 함께 인류가 지닌 양면성을 극명하게 보여준다. 과학은 인류에게 무한한 가능성을 선사했지만, 동시에 그 지식이 증오와 파괴를 위해 오용될 수 있음을 증명했다. 그러나 이 불발의 순간은 파괴의 시도조차 성공하지 못한, 어쩌면 인류의 양심과 이성이 최악의 비극을 막아낸 작은 기적이었다고 볼 수 있다. 과학 기술은 이제 개개인의 손에 들린 채 파괴를 향한 도구가 될 수도 있고, 인류의 삶을 풍요롭게 만들 빛이 될 수도 있다. 우리가 어디에 집중할 것인지는 결국 우리 자신의 선택에 달렸다.

멸망을 대비하는 생활 화학 제조법

1단계 도폭선

불을 가져다 대는 과정을 안전하게 만든 것은 도화선이었고, 전기 기폭은 전류가 흐를 수 있는 전선을 통해 원거리에서 안전하게 점화할 수 있게 했다. 안전함은 이 정도면 충분하다. 남은 것은 더 빠르고 강력한 기폭이다. 그렇게 탄생한 것이 바로 도폭선導爆線, detonating cord이다. 이름 그대로 기폭을 일으키기 위한 전선 형태의 긴 물품이다. 도화선이 타오르기 쉬운 물질로 이루어졌다면 도폭선은 고폭약으로 만들어져 순식간에 폭발한다. 음속보다 빠르게 폭발해야만 고폭약으로 구분되었는데, 도폭선의 폭발 전파 속도는 초당 수천 미터에 이른다. 이러한 특성으로 여러 개의 폭탄이나 화약을 거의 동시에 점화해 다수의 장애물이나 대규모 건축물을 해체하는 데 사용한다. 정리하자면 도화선은 시간 지연, 전기 기폭은 정확한 폭발 시점 제어, 도폭선은 동시에 완벽하게 신뢰할 수 있는 폭발에 특화되어 있다.

도폭선의 구조는 간단하지만 만들기는 쉽지 않다. 대부분 선 중심부의 주성분은 강력한 고폭약인 PETN이 사용되며, 때로는 RDX나 HMX가 쓰이기도 한다. 앞서 이 물질들의 합성 또는 확보

방법을 간단하게나마 이야기했으니 먼 훗날 도폭선이 필요한 상황에서 도움이 될 것이다. 만약 여기서 고폭약을 도폭선 핵심 폭발물로 사용해봤자 1차 폭발물이 추가로 필요한 것이 아닌가 하는 의문이 든다면, 이 책의 내용을 매우 성공적으로 따라온 우등생이라고 치하하겠다. 도폭선의 기폭에는 1차 폭발물이 포함되어야 하며, 누구에게나 공개되어 있어 필자에게 법적 책임을 묻지 않을 범위에서 특허들을 기준으로 이야기한다면 헥사나이트로스틸벤hexanitrostilbene, HNS, 테트라나이트로카바졸tetranitrocarbazol, TNC이나 2,6-비스(피크릴아미노)-3,5-다이나이트로피리딘2,6-bis(picrylamino)-3,5-dinitropyridine, PYX 등이 사용된다.[8]

혹시 도폭선 대신 '비스코 퓨즈visco fuse'라는 단어가 떠오른다면 관련 분야 종사자일 것이다. 비스코 퓨즈는 비스코스viscose라는 섬유로 만드는데, 펄프에서 얻은 셀룰로스를 화학적으로 가공해 만든 재생 섬유이자 레이온rayon이라는 이름으로도 불린다. 인조 명주(실크)라 할 정도의 촉감으로 인견人絹이라고도 한다. 비스코스 섬유로 겉을 감는 데서 이름이 유래한 비스코 퓨즈는 우리 수준에서 만들 수 있는 가장 간단한 형태의 퓨즈다. 흑색화약을 코어로 사용하며 면사나 방적사를 이용해 코어를 여러 겹 감싸며, 방수를 위해 겉면에 플라스틱이나 래커로 얇은 막을 덮는다.

먼저 화약 혼합 과정에서는 흑색화약의 일반적인 조성을 사용한다. 혹시 모르는 상황을 대비해 불이 더 잘 붙게 하려면 설탕이나 덱스트린dextrin을 약간 추가하는 것도 좋다. 혼합 화약에 물을 조금씩 섞어 묽은 반죽 형태로 만든 후 실을 담가 스며들게 한다. 화약이 스며든 실을 꼬아 적당한 두께로 만든 후 말려서 방수 처리를 하면 수제 도폭약이 완성된다. 그 자체로도 강력한 폭발을 일으키므로 콘크리트 블록 정도는 박살 낼 수 있다.[9] 만약 재료가 부족하다면 일부의 혼합으로도 도폭약을 구현할 수 있다. 설탕과 질산 칼륨을 섞어 녹인 후 만드는 설탕 퓨즈sugar fuse도 가능하며, 탄환이 충분하다면 탄피를 분해해 내부 장약으로 퓨즈를 만드는 방식도 있다. 물론 모든 수제 퓨즈는 전용 장비를 이용해 상업적으로 생산한 것보다 불규칙한 연소 속도 및 위험 요소가 있으니 주의하자.

1 초전

모든 것은 폭발한다

우리는 별의 물질로 만들어졌다.
별들의 폭발이 없었다면
우리는 존재하지 않았을 것이다.
—칼 세이건Carl Sagan, 《코스모스Cosmos》

모든 것은 폭발한다는 거창한 선언을 남겼지만, 솔직히 안정한 상태의 모든 것이 자극이나 혼합 없이 폭발하지는 않는다. 생명을 구성하는 대부분이자 갈증 해소를 위해 살아 있는 한 계속해서 섭취해야만 하는 물이 대표적인 예다. 물은 타오르는 불을 끄기 위해 뿌려주는 소화제로 인식되는 것처럼, 물 자체로 거대한 화염을 일으키거나 강력한 충격파로 주위의 모든 것을 밀어내며 파괴하는 일은 일어나지 않는다. 하지만 폭발 역시 화학 반응이며, 기폭약은 충격이나 마찰이나 열이, 고폭약은 더 강한 자극이 가해져야만 연쇄 반응이 시작된다. 살아가며 TNT나 RDX를 다뤄볼 일은 흔치 않을 테니, 그보다 평범하고 일상적인 생활 속 폭발을 마지막 1초간 이야기해보자.

음식의 재탄생

물 자체를 폭발시킬 수는 없으나 다른 화학물질과 혼합하면 충분히 폭발을 만들어낼 수 있다. 물을 폭발물의 한 요소로 활용한다면 의외로 추리소설 등에서 사용하기 좋은 장치가 될 수도 있다. 물론 기본적인 화학 지식이 필요한 만큼 얼음송곳으로 범죄를 저지른 후 자연스레 녹아 증거가 사라진다는 유명한 활용과는 별개로 구구절절 화학적 원리를 덧붙여 설명해야 할 수도 있으니, 고민이 필요하긴 하다. 던진 농담의 어디가 재미있는 것인지, 왜 웃긴 것인지를 진땀 빼며 다시 설명하는 것만큼 구차한 광경이 없으니 말이다.

그나마 가장 유명한 폭발은 주기율표의 가장 왼쪽 끝 세로줄에 자리한 1족 알칼리 금속 원소들과의 격렬한 반응이다. 1족의 일곱 원소 면면을 살펴보면 모든 원소의 시작이자 우주의 탄생과 함께한 수소, 배터리 문명의 핵심 요소인 리튬Li, 염분으로 더 친숙한 나트륨과 칼륨, 초정밀 원자시계를 구성하는 루비듐Rb과 세슘Cs, 마지막으로 살면서 만나볼 일 없고 방사성이 매우 강해 만나서도 안 되는 프랑슘Fr이다. 이 중 수소는 일반적인 조건에서는 금속이 아니므로 알칼리 금속에는 포함되지 않으며, 프랑슘은 많은 양을 구해서 물에 던져볼 일이 없으니 역시나 관심 대상은 아니다.

알칼리 금속이라는 이름에서부터 성질이 예상된다. 전도성이 뛰어나고 은백색의 광채를 내는 금속일 것이며, 알칼리성(염기성)과 관련된 변화를 만들어낸다. 산성과 알칼리성은 보통 물이나 액체 상태의 물질들에 적용하는 단어로, 알칼리 금속 원소는 물과 만나면 물을 강한 알칼리성으로 바꾼다. 알칼리의 정의이자 그 변화의 핵심은 수산화 이온OH^-으로 요약되며, 물H_2O에서 수소가 떨어져 나온 결과물이라고도 볼 수 있다. 가장 유명한 나트륨을 예로 들어보자.

$$2Na + 2H_2O \longrightarrow 2Na^+ + 2OH^- + H_2 \qquad \Delta H^\circ = -366.8kJ/mol$$

핵심은 알칼리성으로 변화하면서 방출되는 폭발성 기체인 수소와 다량의 에너지다.[1] 1몰 당 366.8kJ이라는 크기가 와닿지 않는다면 같은 양으로 환산한 다음의 예시를 떠올려보자. 이 에너지양은 상온의 물 1L를 약 87.5℃까지 데울 수 있는 양이며, 100W 전력의 TV를 1시간 동안 볼 수 있는 양이다. 또한 70kg의 성인 남성이 전력 질주로 500m를 주파하는 데 필요한 에너지이기도 하다. 이처럼 상당한 양의 에너지가 1몰의 나트륨인 단 23g의 반응으로 방출되는데, 이미 그 주위는 폭발성 수소 기체와 공기 속의 산소로 둘러싸인 상태여서 거대한 폭발이 발생한다.

경험상 리튬 배터리를 분해해서 얻을 수 있는 얇은 리튬 포일을 유리 용기 속의 물에 던져넣으면 선명한 붉은색 불꽃과 함께 유리 용기를 박살 낼 수 있으며, 연필 길이의 나트륨 조각을 한 번에 폭발시키면 2~3m 이상 치솟는 불기둥과 폭발을 목격할 수 있다. 매우 짜릿한 일이지만 시약으로 판매되는 나트륨 금속 덩이를 구하기는 쉽지 않다. 어중간한 과학적 지식으로 소금물에 전기를 흘려보내 나트륨을 분리하려는 시도는 금물이다. 오히려 독가스인 염소 기체가 발생해 호흡기에 손상을 입거나 사망에 이를 수도 있다. 그러니 학교 실험 준비실을 노리는 게 가장 쉽다. 되도록 선생님께 실험에 대한 열망을 강력하게 호소해 합법적인 절차로 안전 담당자가 참관한 상태에서 체험하자.

리튬보다 나트륨의 폭발이 더 강력한 것처럼 알칼리 금속은 주기율표의 아래쪽에 자리할수록 반응성이 높아 더 쉽게 물과 반응한다. 나트륨보다 한 칸 아래 자리한 칼륨은 손에 올려두는 것만으로도 손의 수분과 반응해 불붙기도 한다. 필자가 어떻게 알고 있는지는 여러분의 상상이 맞다.

물과 닿아 폭발하는 물질은 알칼리 금속 외에도 '그리스의 불'에 등장했던 인화 칼슘이 있으며, 조금 더 흥미로운 물질은 탄화물炭化物, carbide이다. 다양한 금속 원소가 탄소와 결합해 탄화물을 이루는데, 이들의 공통점은 강도가 매우 높아서 절삭 공구 등 여러 산업 분야에 적용된다는 것이다. 그런데 탄화물, 특히 탄화 칼슘CaC_2이 물과 만나면 발생하는 아세틸렌C_2H_2은 산소와 결합해 고온의 불꽃을 만드는 용접 연료로도 사용되는 강력한 가연성 물질이다. '카바이드 램프'라는 조명을 기억한다면 탄화물을 의미하는 카바이드와의 연관성을 의심할 수 있다. 전기가 없는 지하 갱도에서의 채굴 작업, 19세기 자전거 전조등, 한국에서는 1980년대 포장마차 조명까지 탄화 칼슘과 물의 반응으로 불을 만들어 사용해왔다.[2]

화학은 물조차 폭발의 일부로 만들 수 있다는 사실도 흥미롭지만, 지금부터는 조금 더 짜릿한 두 가지 색다른 폭발을 고민해보자. 우리가 주목할 첫 번째 전략 생물 무기 자원은 바나나다. 노랗고 길쭉하며 달콤한 바나나 말이다. 바나나의 영양 성분을 살펴보면 의외로 풍부한 칼륨 함량이 눈에 띈다. 정량적으로 분석했을 때 바나나 중량의 0.39%에 해당하는데, 단순히 비율만 본다면 그리 많지 않은 듯하다. 하지만 바나나 1개가 100~150g인 것을 고려하면 390~585mg이라는 의외로 많은 양이 된다. 만약 바나나 2개를 식사로 먹었다면 1g의 칼륨이 체내에 유입된 것이다. 바나나에서 칼륨을 금속 상태로 추출할 수 있다면 폭발도 가능하다.

두 번째 자원은 옥수수다. 얼마 전 마트에서 큰 통에 잔뜩 담긴 팝콘을 사 왔다. 갓 튀겨 뜨거울 정도의 온기를 담고 있어 잡으려고 다가가는 손에 열기가 느껴지는 팝콘은 고소하며 짭짤하고, 바삭한데 부드러울 정도로 완벽하다. 하지만 집에서 팝콘을 튀겼다가는 한동안 빠지지 않는 고소한 향이 후각 자극을 넘어 고문의 단계로 괴롭히기에 자주 해 먹는 간식은 아니다. 필자가 선택한 것은 달콤한 캐러멜을 덧입혀 쉽게 눅눅해지지 않으면서 온갖 원초적인 쾌감을 미뢰에 폭격하는 팝콘이었다. 보통 대부분의 연구 주제나 아이디어, 칼럼과 책의 주제는 그다지 계획적이지 않은 상황에서 시작된다. 팝콘의 폭발이라는 흥미로운 주제도 방금 우연히 팝콘을 먹으며 글을 쓰다가 생각났으며, 필자가 만드는 유튜브 영상이나 글, 강연에서 하는 이야기도 대부분 같은 방식으로 즉흥적으로 시작된다.

아마 같은 성향의 과학자가 꽤 많은 듯싶다. 팝콘이 튀는 현상을 분석해 논문으로 보고했던 물리학자들이 있다.[3] 작은 옥수수 한 알이 솜사탕처럼 뽀얗게 부푸는 과정에서 작게 '팡!' 터지는 건 단순히 맛있는 소리로 여겨질 수 있지만, 이 작은 폭발은 우리가 이야기하는 모든 폭발의 근본 원리인 압력 해방과 에너지 전환을 가장 잘 보여주는 모습이다.

팝콘의 재료는 작고 단단한 옥수수 알갱이다. 팝콘을 한 줌 집어서 먹다가 실수로 안 익은 옥수수 알갱이를 씹는 순간 어금니 뿌리부터 뇌를 거쳐 등골 전체가 오싹해질 정도의 통증이 느껴진다. 만약 M18A1 클레이모어를 집에서 만들어야 한다면 쇠구슬 대신 옥수수 알갱이를 사용해도 충분한 살상력이 나오지 않을까 싶을 정도로 인상적이다. 하지만 이 건조한 옥수수 알갱이의 강철같이 단단하게 밀폐된 껍질 속에는 소량의 수분과 전분, 단백질이 들어 있다. 가열하면 내부의 수분이 점차 증발해 수증기로 변하는데, 이때 옥수수 알갱이 내부는 마치 작은 압력솥과 같다.

내부 온도가 약 180℃에 다다른 옥수수 알갱이는 대기압의 9배나 되는 압력까지 상승한다. 결국 압력을 견디지 못한 껍질은 한계점을 지나는 순간 터진다. 폭발의 핵심은 단순히 껍질이 갈라지는 데 그치지 않는다. 압력이 해방되는 순간 알갱이 속 전분은 고온고압 상태에서 급격히 팽창하며 부드러운 거품 형태로 변한다. 이 전분 거품이 상온상압에 노출되며 빠르게 굳어서 우리가 아는 팝콘의 하얀 팝 구조가 만들어지는 것이다. 기포를 함유한 물질은 밀도 있게 응집된 형태보다 푹신하다. 삶은 달걀의 흰자와 머랭 쿠키의 차이, 스타이렌 플라스틱 조각과 스타이로폼을 연상하면 정확하다. 이 모든 과정은 단 수십 밀리초ms 안에 완료되는데, 초고속 카메라로 촬영해 날아가는 거리와 속도를 분석하면 팝콘의 폭발력을 충분히 추산할 수 있다.

의외로 세상에는 누구의 관심도 받아본 적 없는 대상을 찾아보기 어렵다. 1,000개 단위로 세며 분포를 정리한 선구자들에 의해 팝콘용 옥수수 1개의 무게는 136~157g 정도로 알려져 있다. 그중 13.0~14.5%는 수분이며, 가열하면 모두 기화되는 엔탈피 변화, 팝콘이 갈라지는 180℃까지의 수증기 온도 상승의 엔탈피 등 모든 열역학적 요소를 계산할 수 있다. 이 모든 에너지가 팝콘을 튀어 오르게 하는 데 소모되는 것은 아니다. 물 외에도 다른 요소가 작용할 수 있으나, 이상적으로 계산되었을 때 팝콘 알갱이 1개가 터질 때 발생하는 에너지 총량은 약 130J로 추정된다. 다시 말하지만, 130J의 에너지가 팝콘 알갱이를 날려 보내는 물리적 작용에만 사용되는 것은 절대 아니다. 만약 그것이 가능했다면 팝콘 알갱이 1개의 폭발은 사과를 1.3m 높이까지 들어 올릴 힘이 된다. 그러기 전에 팝콘에 맞아 심한 통증을 느끼고 멍이 들거나 눈을 다치고도 남았겠다.

우리가 팝콘을 꼭 튀어 오르게 할 필요는 없다. 또다시 다른 밀폐된 곳에 팝콘들을 가둬보자. 팝콘을 연쇄적으로 터뜨리며 의도적인 폭발을 만들 수 있다. 하나의 성냥불은 약하지만 10만 개의 성냥개비를 한 통에 넣고 불을 붙인다면 병렬적으로는 할 수 없는 직렬 효과가 나타나는 셈이다.

만약 팝콘 1kg이 동시에 폭발한다면 약 130만J에 달하는 에너지가 발생한다. TNT 단위로 환산하면 무려 280g의 TNT가 폭발할 때 발생하는 에너지와 맞먹으며, 소형차를 공중으로 들어 올릴 수 있는 파괴력이다. 어마어마하게 강력한 느낌이지만, 우리는 여기서 다시 한번 원자폭탄의 위력을 체감할 수 있다. 리틀보이의 폭발력을 팝콘으로 온전히 만들어내려면 한 팩에 약 437개의 알갱이가 들어 있는 팝콘을 기준으로 할 때 무려 11억 개의 팝콘 팩 폭발 에너지로 환산된다. 팝콘 11억 팩을 모으는 것이 우라늄 64kg을 농축하는 것보다 간단하겠지만, 반응은 단순히 사칙연산으로 이루어지는 것이 아니라 다행이다. 팝콘이 전략 자산으로 구분되어 우리처럼 선량한 시민은 팝콘 맛도 모른 채 살아야 할 뻔했으니 말이다.

팝콘 외에도 유사한 폭발은 흔하다. 이제는 찾아보기 쉽지 않지만, 시장이나 아파트 단지 방문 판매로 등장하는 '코리안 붐 마스터Korean Boom Master', 뻥튀기 아저씨의 다양한 곡물 폭발이 그중 하나다. 고소한 향의 갈색 커피를 만들려면 꼭 필요한 로스팅도 마찬가지다. 원두 내부의 수분과 가스가 팽창하면서 퍼스트 크랙first crack이라는 팝콘 터지는 소리를 내고, 이어지는 셀룰로스 구조의 파괴인 세컨드 크랙second crack은 더 격렬한 소리와 함께 원두를 빠르게 부풀려 작은 폭발을 일으킨다. 만약 프라이팬에서 원두를 볶는다면 팝콘처럼 통통 튀는 모습도 볼 수 있다. 이러한 현상은 팝콘을 튀기는 것이 단순히 신나는 현상이 아니라 물질의 위상 변화와 압력 해방이 만들어내는 강력한 힘이라는 것을 보여준다. 우리가 이해해왔던 화약, 다이너마이트, TNT 등 모든 폭발물은 이러한 급격한 에너지의 해방이라는 공통 원리를 바탕으로 한다.

결국 팝콘의 폭발을 거창하게 해석한다면 인류가 불을 다루면서 처음 마주했을 법한 수증기의 원초적인 폭발 현상과 같다. 팝콘의 폭발은 열을 이용해 물질의 잠재된 에너지를 끌어내는 모든 과정의 축소판이다. 이는 인류가 화약을 발견하고, 내연기관을 발명하며, 결국 핵분열이라는 거대한 폭발에까지 이르게 된 기술 발전의 근간을 보여준다. 팝콘 알갱이 하나는 우리에게 폭발이 파괴만 의미하는 것이 아니라 에너지의 전환과 현상의 변화를 일으키는 근본적인 과학 원리임을 상기시킨다. 앞으로 연인과 영화관 데이트를 떠나 팝콘을 가운데 두고 함께 나눠 먹는 오붓한 상황을 맞이한다면, 꼭 팝콘 한 알의 폭발력을 TNT로 환산하는 지적인 모습을 통해 매력을 발산하길 바란다.

먼지의 복수

가장 유명하고 예상할 수 없는 폭발은 사소한 것에서 시작된다. 깨끗해 보이는 환경 속 불현듯 눈에 띄는 작은 티끌이자 오점, 흔적이자 불순물로 여겨지는 먼지다. 작게 흩날리는 먼지는 영화 속 한 장면처럼 어두운 방 안으로 쏟아지는 햇살의 여정을 은은하게 그려내 틴들 현상Tyndall effect을 체감하게 한다. 하지만 먼지는 대부분 작은 크기를 이용해 우리의 호흡기에 침투해서 가볍게는 재채기를, 심하면 사전에 등록된 가장 긴 영어 단어라는 진폐증塵肺症, Pneumonoultramicroscopicsilicovolcanoconiosis이라는 먼짓덩어리 같은 45개 알파벳의 증상으로 목숨을 위협한다.[4] 송진, 분필, 숯, 흙 등 모든 물질은 작은 입자가 되어서 공기 중을 떠돌아다니므로 해롭지 않아 보이지만, 특정 조건만 갖춰지면 폭탄보다 더 치명적인 위력을 발휘한다. 밀가루나 설탕, 곡물 가루가 공기 중에 적당한 농도로 흩뿌려진 채 미세한 불꽃을 만나면 순식간에 거대한 화염과 폭발을 일으키는데, 이를 분진 폭발dust explosion이라 부른다. 단순히 파괴를 넘어 물질의 연소와 폭발에 대한 우리의 고정관념을 깨는 흥미로운 주제다.

일반적인 폭발은 급격하고 파괴적인 연소로 이해할 수 있듯 탈 물질(연료), 산소, 발화점 이상의 온도라는 세 가지 요소가 있어야 성립한다. 그런데 분진 폭발은 이보다 복잡한 다섯 가지 요소가 동시에 존재해야 하는데, 이를 '분진 폭발 오각형dust explosion pentagon'이라 부른다. 이 절묘한 조합에는 일반적인 폭발과 마찬가지로 우선 연료의 역할을 할 가연성 분진이 필요하다. 두 번째로는 연소를 가능케 하는 공기 중의 산소, 세 번째로는 불꽃이나 정전기, 초고온의 표면 같은 점화원이 필요하다. 여기에 네 번째와 다섯 번째 요소가 새로 추가된다. 분진이 공기 중에 고르게 흩뿌려진 상태라는 요소와 연쇄적인 폭발의 확산을 돕는 밀폐된 공간이라는 요소다. 보통 연료가 많이 있다면 때와 장소를 가리지 않고 인화물이 폭발하리라고 예상하지만, 실제로는 적절한 농도가 꼭 필요하다. 휘발유 증기만 가득 찬 밀폐된 공간은 폭발하지 않으며, 폭발성 기체인 수소로 가득한 용기도 안전하다. 일정량 이상의 산소가 섞여야 비로소 연소와 폭발이 일어난다.

분진 폭발은 화학 반응의 도미노와 같다. 하나의 쓰러짐이 다음 조각을 넘어뜨리며 계속해서 전파되는 연쇄 반응의 상징인 도미노에서 가장 중요한 것은 블록 사이의 간격이다. 간격이 너무 멀어 닿을 수 없다면 연쇄 반응이 아닌 단일 반응으로 시시하게 종결되며, 간격이 너무 가깝다면 충분한 에너지가 발생하고 전달되지 못해 장벽에 걸린 것처럼 멈춘다. 블록이 아닌 통나무를 밀어 넘어뜨리려는 것과 같다.

커다란 블록은 한번 넘어뜨리기는 어렵지만 성공한다면 거대한 에너지가 다음으로 전달된다. 점화가 어렵지만 강력한 폭발을 일으키는 고폭약이 커다란 블록과 같다. 이와 달리 분진 폭발은 살짝 건드리기만 해도 무너질 듯한 작은 블록이며, 연쇄 반응을 통해 세력을 불린다. 분진의 연쇄 반응은 단순히 운동회에서 밀가루가 채워진 풍선이 터져 주위로 흩날리는 정도와 비교할 수 없다. 초당 수 킬로미터의 충격파를 쏟아내는 고폭약보다는 느린 수십 미터에서 수백 미터 속도로 진행되는데, 두 폭발에는 커다란 차이점이 있다. 고폭약은 화학물질 자체에 함유된 산소를 이용해 연소하기에 매우 짧은 시간 동안 강력한 에너지가 방출되지만, 분진 폭발은 주위의 산소를 빨아들이며 반응하기에 주위를 태우고 엄청난 압력으로 밀어낸다.

고체 덩어리는 산소와 맞닿는 표면적이 작아 화학 반응이 천천히 진행되지만, 미세한 가루는 접촉 면적이 기하급수적으로 넓어져 연소 속도가 걷잡을 수 없이 빨라진다. 단단한 덩어리 설탕과 곱게 갈린 설탕 가루가 물에 녹는 속도의 차이와 같다. 아주 작은 점화원이 분진 구름의 일부를 태우면, 이때 발생하는 열은 주위의 분진을 연쇄적으로 태우고, 급격한 온도 상승은 가스를 팽창시킨다. 밀폐된 공간에서 압력이 한계를 넘어서면 비로소 1차 폭발이 발생하는데, 폭발은 언제나 충격파를 동반한다. 충격파로 인해 바닥에 쌓였던 분진이 공중으로 흩뿌려지고, 이것이 또 다른 연료가 되어 2차, 3차 폭발로 이어지는 연쇄 반응이 된다. 1차 폭발로 시작된 충격파는 분진 구름을 만들고, 이 구름이 순식간에 연소하며 거대한 화염 폭풍을 만들어낸다. 화염의 온도는 수백, 수천 도로 치솟아 모든 것을 녹이고 태우기 시작한다. 분진 폭발은 관리가 소홀한 창고나 공장 안을 떠다니는 가루 사이에서 반짝이는 스파크로 단 한 번의 거대한 폭발이 일어나는 것처럼 보이지만, 실제로는 연쇄 반응으로 인한 연쇄 폭발이 남긴 파괴적인 화학 반응의 흔적이다.

다행히 모든 먼지가 폭발하지는 않는다. 산소와 결합하며 에너지를 방출할 수 있는 가연성 분진이 문제인데, 탄수화물인 곡물가루와 전분, 설탕 등 농업 및 식품 분진이 대표적이다. 목재는 언제나 훌륭한 탈 물질이었다. 고운 톱밥과 나뭇가루가 발생하는 목재 가공 공장이나 가구 공장에서도 환기가 원활하지 않다면 폭발 위험성이 산재한다. 탄소 연료보다 더욱 강하게 반응하는 것은 오히려 금속이다. 불꽃놀이에서도 알루미늄이나 마그네슘 분말을 넣어 더 밝은 빛을 만들어내듯, 금속을 깎아내는 작업에서 절삭유를 뿌려 마찰열을 식히고 금속 조각을 적셔 씻어냄으로써 분말 발생을 줄이지 않으면 강한 폭발로 이어질 수 있다. 그 외에도 석탄 가루나 플라스틱, 고무 분말 모두 분진 폭발의 재료다. 이쯤 되면 사실상 모든 먼지는 폭발하는 게 아닌지 의심스럽지만, 시멘트나 모래, 흙, 석고, 유리 등과 같이 이미 산소와 충분히 결합해 가장 안정한 형태를 이룬 물질은 그 이상의 반응이 불가능하므로 안전하다. 물론 그 안전이 호흡을 통해 유입되었을 때 폐의 건강을 보장하지는 않는다.

영화에서는 종종 아무 장비도 없는 극한의 상황에서 주위 물품을 이용해 추격해오는 괴수나 적을 공격하는데, 이때 분진 폭발이 사용되곤 한다. 고작 밀가루로 만든 폭발이 그리 강력할까, 오히려 괴물의 입속에 가스 실린더를 던져 넣고 총으로 쏴 폭발시키는 게 더 효과적이지 않을까 갸우뚱하게 되기도 한다. 놀라운 사실을 풀어본다면 LPG(액화 석유 가스)나 LNG(액화 천연가스)가 담긴 가스통에 총을 쏜다고 해서 폭발하는 일은 사실상 거의 없다. 먼저 가스통 내부는 연료만 가득 채워지고 산소는 섞이지 않았다. 그래서 연소와 폭발을 일으킬 조건이 충족되지 않는다. 가스를 공기 중으로 퍼트린 후에야 불을 붙일 수 있는데, 이는 가정에서 가스가 새어 나와 발생하는 화재 사고를 생각하면 이해될 것이다. 또한 총알이 두터운 가스 실린더를 관통한다 해도 구멍을 뚫을 뿐이지 내부의 가스를 점화시킬 정도의 충분한 마찰열이나 충격이 발생하지 못한다. 오히려 고압의 가스 실린더에 뚫린 구멍으로 내부의 가스가 매우 빠르게 방출되기에 급격히 냉각되는 줄-톰슨 효과Joule-Thomson effect로 온도가 하강한다. 기관단총으로 연달아 사격한다면 폭발이 가능하겠지만, 영화에서는 멋지게 권총탄 한 발로 모든 것을 해결하니 영화적 허용이라 보는 것이 적당하다.

이와 달리 분진 폭발은 오히려 현실성이 크다. 최근까지도 간혹 사고 뉴스가 보도되곤 하는데, 옥수수나 설탕 공장과 창고에서 누전이 생기면 쉽게 발생하는 전형적인 인재다. 가장 충격적이었던 사고는 1963년 일본에서 발생했던 미이케 탄광 사고다. 탄광은 폭발 사고에 최적화된 환경이다. 길게 뚫린 탄광 속은 사실상 밀폐된 공간이라 표현해도 무리가 없으며, 온갖 분진으로 가득하다. 대부분 가벼워 쉽게 흩날리는 석탄 가루로, 가연성 분진이다. 채굴 과정에서 땅속에 갇혀 있던 천연가스가 새어 나와 질식 사고나 폭발로 이어지는 사례도 많다. 한 번의 폭발이 갱도를 무너뜨려 매몰 사고로 이어질 수도 있으니, 목숨을 걸고 작업하는 장소다. 미이케 탄광 사고 때도 무려 458명의 사망자가 발생했다. 광차 한 대가 우연히 탈선하며 생겨난 불꽃이 탄광 속 탄진에 옮겨붙어 초대형 분진 폭발이 일어났다. 석탄의 폭발은 한정된 산소를 통해 급격히 이뤄지기 때문에 불완전 연소에서 발생하는 맹독성 가스인 일산화탄소CO 농축으로 이어진다. 심지어 외부에서는 신선한 공기를 공급해 문제를 해결하겠다며 탄광 안쪽으로 팬을 가동하는 바람에 일산화 탄소 농축을 도와 더 큰 사고를 불러왔다.

모든 폭발의 역사에서 입증되었듯, 커다란 힘은 제어하지 못하면 사고지만, 제어하면 강력한 무기가 된다. 분진 폭발의 원리를 절묘하게 적용한 것이 바로 그 유명한 열압력탄thermobaric weapon이다. 가연성 연료가 주위의 산소와 반응하며 고온의 폭발을 일으키기 때문에 공기-연료 폭탄fuel-air explosive이라 부르기도 하며, 에어로졸 폭탄이나 진공 폭탄 같은 다양한 방식으로 불린다. 원리는 이론상 간단하다. 기폭 직전에 액체나 분말로 이루어진 미세한 가연성 연료를 공기 중에 넓게 살포하며, 2차 점화 장치가 연료 구름에 불을 붙여 거대한 화염 폭풍을 일으킨다. 촛불에 알코올을 분무기로 뿌리거나 헤어스프레이를 분사하면 삽시간에 불길이 퍼지는 현상과 같다. 일반적인 고폭탄보다 더 넓은 지역을 말 그대로 초토화하며, 특히 건물이나 동굴 내부처럼 밀폐된 공간에서 산소를 소모하며 엄청난 압력을 발생시켜 내부의 모든 생명체를 질식시키고 파괴하는 무기다. 고무줄의 탄성에서 기계적 에너지의 활용이 시작되고 연소에서 기폭이 시작되듯 먼지는 열압력으로 에너지를 폭발시키는 법을 우리에게 알려준다.

파괴를 넘어서

지금까지 우리는 폭발이라는 현상이 가진 파괴와 혼돈의 이면에 관해 이야기해왔다. 인류의 역사는 끊임없는 폭발의 역사였고, 그 힘은 주로 절망과 파괴를 낳는 무기로 사용되던 것이 사실이다. 하지만 모든 폭발이 반드시 파괴로 귀결되는 것은 아니다. 어떤 폭발은 우리를 보호하고, 우리의 삶을 편리하게 하며, 심지어 경이로운 아름다움을 선사한다. 에너지의 방출과 급격한 변화라는 특징을 생각한다면 불가능한 일도 아니다.

우리가 일상에서 만나는 가장 아름답고 안전한 폭발의 예시는 역시 불꽃놀이다. 불꽃놀이는 철저하게 통제된 화학 반응으로 다양한 색깔과 모양, 소리를 만들어낸다. 혹시라도 하늘 높이 쏘아 올려져 말 그대로 불로 이루어진 거대한 꽃을 피우는 폭약을 뜯어본다면, 동그랗게 뭉쳐진 여러 개의 불꽃 알갱이star와 이를 사방으로 흩뿌리는 또 다른 폭발물과 하늘 높이 띄워 보내는 추진용 폭약의 과학적인 배치와 구조를 볼 수 있다. 폭발할 때 발생하는 에너지와 열은 폭약에 포함된 금속을 기체 상태로 만들어 다채로운 색상으로 타오르게 한다. 불꽃놀이는 파괴를 예술의 도구로 변화시킨 인류의 창의적인 발명품이다. 새해, 축제, 기념일마다 하늘을 수놓는 불꽃은 폭발이 단순한 파괴가 아니라 기쁨과 환희를 표현하는 극적인 방법이 될 수 있음을 보여준다. 하지만 이 역시 "멀리서 보면 희극이지만, 가까이에서 보면 비극"이라는 삶에 대한 찰리 채플린의 말마따나 불꽃놀이가 아름다운 것은 먼 하늘 위에서 일어나는 현상이기 때문일 것이다. 솔직히 원자폭탄의 버섯구름도 멀리서 보면 웅장하고 아름답지 않은가.

반대로 폭발의 힘이 파괴가 아닌 안전을 위해 사용되기도 한다. 자동차가 충돌하는 순간 눈 깜짝할 새 부풀어 올라 큰 부상을 막아주는 에어백이 대표적이다. 1초도 되지 않는 짧은 시간 동안 에어백을 공기로 가득 채우려면 웬만한 펌프로는 어림없다. 선풍기나 팬을 가동하면 서서히 가속하는 데 시간이 들기 마련이며, 충격으로 전자 장비가 고장나기라도 하면 작동 여부를 장담할 수 없어 비상용 안전장치로 신뢰하기 어렵다. 답은 어마어마한 양의 기체를 한 번에 만들어낼 방법, 바로 폭발이다. 충돌 감지 센서는 전기 신호를 보내 점화 장치를 활성화하는데, 이로써 대표적인 1차 폭발물인 아자이드화 나트륨 NaN_3이 단 0.03초 만에 기폭을 일으킨다. 에어백은 인체에 해롭지 않은 질소 기체로 팽창해 승객을 보호할 수 있다. 언제 닥칠지 모르는 비상시에 폭발로 공간을 채우려고 운전석에는 약 100g, 핸들이 없어 더 큰 공간을 채워야 하는 조수석에는 약 250g의 아자이드화 나트륨이 담겼으니, 운전할 때 정교하게 제어된 폭발의 가호를 받는다고 생각하면 설레기도 한다.

폭발은 또한 우리 삶의 편리함 속 보이지 않는 곳에 숨어 있기도 하다. 자동차, 기차, 비행기를 움직이는 내연기관은 작은 규모의 폭발을 반복적으로 일으켜 동력을 얻는다. 가연성 연료가 실린더 내부에서 폭발적으로 연소하며 피스톤을 밀어내고, 이 힘이 바퀴나 프로펠러를 회전시켜 앞으로 나가도록 한다. 끊임없이 이어지는 수많은 미세한 폭발은 현대 문명을 움직이는 동력이다.

가장 웅장하고 희망적인 폭발은 아마도 우주 탐사에서 발견할 수 있을 것이다. 엄청난 양의 추진제를 폭발시켜 강력한 추력을 만들어내는 거대한 로켓은 인간의 발목을 묶어놓던 족쇄 같은 중력을 끊어내고 고향을 떠나게 한다. 거대한 중량을 우주 너머로 올리려면 복잡한 계산과 정밀한 로켓이 필요하며, 단을 분리하며 더 가볍고 효과적으로 도약하는 모습은 과학기술의 승리를 보여주는 것만 같다. 이때 로켓 단의 분리는 기계 장치나 원격 모듈 조종이 아닌 폭발로 이루어진다. 폭발 볼트는 정확한 시점에 단을 분리하거나 우주선을 착륙선과 분리하는 데 사용된다. 이번에도 고장의 위험성을 떠나 방출되는 에너지로 단순한 작업을 확실하게 실행하기 위해 폭발이 사용되며, 폭발은 인류의 지경을 넓히고 새로운 세계를 향한 꿈을 현실로 만든다.

이 모든 일상 속 모습은 폭발이라는 현상의 본질이 선하다거나 악하다고 구분할 수 없음을 보여준다. 폭발은 그저 순간적으로 엄청난 에너지를 방출하는 현상일 뿐이다. 그 에너지를 어떻게 통제하고, 어떤 목적에 사용하느냐에 따라 파멸의 원인이 되기도 하고, 아름다움의 원천이자 안전 장치, 모험의 엔진이 되기도 한다.

결국 모든 것이 폭발이라는 이야기의 마지막 장은 절망이나 파괴로 끝나지 않는다. 우리는 통제와 목적이라는 도구를 통해 가장 원초적인 힘마저도 창조와 희망으로 바꿀 수 있음을 깨달아야 한다. 불꽃놀이가 어둠을 밝히고, 에어백이 생명을 구하고, 로켓이 미지의 세계로 우리를 이끌듯, 폭발은 이제 끝이 아닌 새로운 시작이다.

멸망을 대비하는 생활 화학 제조법

1단계 바나나에서 칼륨 추출하기

물과 닿으면 폭발하는 알칼리 금속 원소인 칼륨이 바나나에 풍부하다면, 따로 추출해 유용하게 활용하는 것도 가능하지 않을까? 준비할 것은 충분한 양의 바나나다. 많을수록 더 많은 칼륨을 분리할 수 있다. 종말 이후의 세계에서 풍부한 무기질과 섬유질, 당분을 공급할 수 있는 바나나를 먹지 않고 폭발물 재료로 사용하는 것은 잘못된 선택이다. 하지만 인간이 품종을 개량하지 않은 야생 바나나는 생각보다 떫고 씨앗이 있으며 크기도 작다. 간혹 생존 프로그램에서 불로 가열해 어떻게든 조리해 먹는 장면이 나오기도 하지만, 식재료로서의 가치가 생각보다 낮을지도 모르니 여차하면 칼륨 공급원으로 사용해보자.

수분은 화학 반응에 방해 요소가 되니 먼저 필요 없는 수분부터 제거하자. 바나나를 얇게 잘라 말려서 수분을 제거하는데, 굳이 껍질을 벗겨낼 필요는 없다. 수분 제거를 위해 곶감을 만들 듯 넓게 펼쳐놓고 오랜 시간 보관하면 부패하거나 물러져 손실이 발생할 수 있으니 간이 오븐에 넣고 몇 시간 구워주는 단순 처리가 좋다. 바나나 속의 당분과 녹말 등의 유기물은 금속 캔에 건조 바나나를 넣고 밀폐해 산소 접촉을 최소화한 상태에서 가열해 열분해시킬 수 있다. 숯을 만드는 방식과 비슷한데, 이렇게 만들어진 바나나 숯banana char은 고화력의 연료가 되어 실제로 사용하는 국가도 많다. 만약 바나나 숯을 버려진 마트 등에서 구할 수 있다면 그대로 사용해도 괜찮다.

이제 다양한 비휘발성 물질들을 제거하고 산화물 형태로 바꾸기 위해 공기 중에서 연소하는 과정이 뒤따른다. 숯을 연료로 쓰는 것과 같으니 아까운 바나나 숯을 낭비하기보다는 조리와 보온, 제작 등에 사용하고 남은 바나나 숯 재를 모아 분리하면 효율적이다. 먼저 숯을 물에 녹여 알칼리성 잿물을 준비한다. 여기에 과염소산 암모늄NH_4ClO_4을 넣는 순간부터 분리가 시작된다. 중요한 요소는 과염소산 이온인데, 이는 다양한 금속 양이온과 결합하기 시작한다. 과염소산 이온은 매우 흥미롭다. 처음 상태처럼 암모늄과 결합하면 물에 매우 잘 녹는 염을 형성하며 바나나에 함유된 다른 요소인 칼슘Ca^{2+}, 마그네슘Mg^{2+}, 아연Zn^{2+}, 철$Fe^{2+/3+}$, 나트륨Na^{+} 등의 양이온과 모두 물에 잘 녹는 가용성 물질을 이룬다. 하지만 칼륨은 예외다. 과염소산 칼륨은 고온에서도 1g 내외만 녹을 수 있으며, 용액이 차가워질수록 하얀 가루 형태로 모두 석출되기 시작한다. 용해도를 이용한 방식은 중세 흑색화약의 제조를 위한 초석 농장 작업에서도 불순물을 가라앉혀 제거하는 데 사용되었으며, 이번에는 우리가 필요한 물질만 가라앉혀 분리하는 데 사용한다.

분리된 과염소산 칼륨은 가열을 통해 산소와 다시 한번 분리되며 염화 칼륨^{KCl}이 얻어진다. 여기에 리튬 배터리를 분해해 얻은 리튬 포일을 넣고 고온으로 가열하면 리튬의 전자가 칼륨으로 이동하며 드디어 우리가 원하는 칼륨 금속을 얻을 수 있다. 완성되었다면 미네랄오일이나 휘발유 등에 담아 산소와 닿지 않게 보관하자. 필요한 순간까지 안전하게 칼륨을 보관할 수 있다! 아마 과염소산 암모늄 구하기가 가장 곤란한 과정이 되겠지만, 과염소산 나트륨^{NaClO_4}과 염화 암모늄을 혼합하거나, 강산성 물질인 과염소산과 암모니아수를 반응시켜 합성할 수도 있으니 참고하자.

BOOM

BOOM!

터뜨리며

춤추는 별을 낳으려면
자기 안에 아직 혼돈을 간직하고 있어야 한다.
—프리드리히 니체Friedrich W. Nietzsche

마침내 우리는 이 긴 여정의 끝에 다다랐다. 여러 이야기를 나누며 10초라는 시간이 길고 안정적으로, 또 가끔은 나른하게 느껴졌을 수 있겠다. 하지만 현실에서 눈앞에 놓인 시한폭탄의 줄어드는 숫자는 미칠 듯이 뛰는 심장과 과부하로 기능을 멈춘 뇌를 품고 지구에서의 마지막 시간을 허무하게 보내게 만든다. 물론 그새 스쳐가는 주마등을 감상하며 오히려 의미 깊은, 짧지만 긴 시간이 될지도 모른다(주마등은 향정신성 물질로 화학적인 해석이 가능하니 다음 기회에 오붓하게 이야기를 나누도록 하겠다).

화학이라는 거대한 바다에서 가장 격렬하고 극적인 파도, 바로 폭발을 탐험하며 우리는 물질의 근원에 숨겨진 힘과 그 해방의 드라마를 공유했다. 이 책의 모든 페이지는 그저 화학식과 이론의 나열이 아니다. 불을 다루고, 연기를 걷어내고, 압력을 제어하며, 마침내 거대한 에너지를 창조한 인류의 집요한 호기심과 끊임없는 도전의 기록이자 승리의 역사다.

어떤 이들은 폭발에 관해 이야기하기를 두려워한다. 그것이 오직 파괴와 죽음과 절망을 의미한다고 생각하기 때문이며, 입에 담는 것만으로도 불편하고 위법적인 부류로 구분된다고 느끼기 때문일 것이다. 하지만 분명 우리는 이 책을 통해 폭발의 양면성을 보았다. 모든 창조에는 파괴가 뒤따른다는 우주의 근원적 진리처럼, 폭발은 단순히 무언가를 끝내는 행위가 아니었다. 가장 거대한 폭발에서 우주가 탄생하며, 별의 폭발은 물질을 남겼다. 높은 성벽이 무너져야 새로운 시대가 열렸고, 단단한 암반이 깨져야 길이 개척되었음을 기억하자. 폭발은 종말의 굉음이 아니라 새로운 시작을 알리는 서곡인 셈이다.

우리가 처음 불을 손에 넣은 순간, 그리고 흑색화약이라는 '불이 붙는 약'을 만들었던 그 순간, 인류는 처음으로 주어진 물질의 등가적인 관계를 떠나 자연의 한계를 넘어서는 힘을 움켜쥐게 되었다. 우리는 다이너마이트로 산을 뚫어 터널을 만들고, TNT로 도시의 항구를 정비하며, 폭발의 원리를 응용한 에어백으로 생명을 구한다. 심지어 로켓의 폭발적인 추진력 덕분에 우리는 지구라는 요람을 벗어나 우주라는 광활한 미지의 세계로 나가려 발을 딛는 중이다. 이 모든 것의 중심에는 통제된 폭발, 즉 화학이라는 마법이 있다.

이 책을 읽는 내내 여러분은 아마도 위험하고, 어둡고, 때로는 비극적인 이야기에 마음이 끌렸을지도 모르겠다. 폭발성 금의 보랏빛 연기와 뇌산 수은의 섬광, TNT 공장의 카나리아 소녀들, 폭발의 원리를 응용한 기이한 무기들에 이르기까지, 우리는 위험하지만 그만큼 매혹적인 것들의 아름다움을 함께 발견했다. 심지어 멸망 이후의 세계에 놓인 여러분을 지탱하기 위한 다양한 폭탄 제조법이라는 살아 있는 지식의 공유까지. 그 아름다움은 완벽한 대칭을 이루는 분자 구조에서, 예측할 수 없는 반응 속도에서, 작은 불순물 하나로 모든 것을 뒤바꾸는 섬세한 화학의 논리에서 찾아볼 수 있다.

세상의 모든 폭발은 궁극적으로 "소리와 분노로 가득 차 있지만 결국엔 아무 의미도 없"는 맥베스의 독백과 닮았을지도 모른다. 그러나 우리는 폭발의 순간을 넘어 그 뒤에 남는 의미를 찾아야만 한다. 폭발의 화학은 인간의 호기심과 지식이 어디까지 나아갈 수 있는지를 보여주는 증거다. 파괴의 힘을 창조의 도구로, 불발의 비극을 새로운 기술의 원동력으로 바꾸는 인류의 위대한 연금술이 여기 있다.

우리가 함께한 10초의 시간이 폭발을 향한 여러분의 막연한 두려움을 호기심과 경외심으로 바꿔놓았기를 기대한다. 폭발은 그 자체로 옳거나 그르지 않은 힘의 해방일 뿐이며, 그 힘을 어디에 사용할지는 오직 우리의 선택에 달렸다.

모든 인간은 별에서 왔다고, 우주의 먼지에서 시작되었다고 이야기하지만, 이제는 조금 더 정확히 우리는 별의 폭발에서 왔으며, 그 폭발의 불씨를 품고 살아간다고 할 수 있다. 그러니 막막하고 답답해도 두려워하지 말자. 우리는 모두 내면에 언제나 폭발의 가능성을 지닌 존재다.

세상과 우리 자신에게 다시 한번 화려하게 인사할 시간이다.

BOOM!!!!!

미주

9초 전: 폭발과 화염의 매력

1. 통증의 척도는 다양하지만, 그중에서 '맥길 통증 설문지(McGill pain questionnaire, MPQ)'가 널리 사용된다. 그에 따르면 복합부위 통증 증후군(complex regional pain syndrome, CRPS)과 작열통은 인간이 느끼는 가장 큰 통증에 해당한다.
2. 《화학 원론》은 1789년에 출판되었으며, 근대 화학의 토대를 이룬 최초의 체계적 화학 교과서로 평가받는다. 원소로 생각되는 대상이 총 33개 수록되어 있었으며, 현대 화학에서 원소로 구분되는 수소, 질소, 산소, 인, 수은 등 23개와 더불어 당시에는 원소로 생각했지만 이후 그렇지 않은 것으로 밝혀진 10가지 물질도 포함되어 있었다.
3. R. W. Wrangham, J. H. Jones, G. Laden, D. Pilbeam, N. Conklin-Brittain, "The Raw and the Stolen: Cooking and the Ecology of Human Origins", *Curr. Anthropol*, 1999, 40(5), 567-594.
4. 육류는 콜라겐을 비롯한 단단한 결합 조직과 치밀하게 뭉친 근섬유로 소화 효소의 침투가 어려워 분해에 많은 에너지가 소모되며, 뿌리채소는 복합 탄수화물인 전분과 섬유질로 구성되어 마찬가지로 소화 효소의 접근이 어렵다.
   R. N. Carmody, R. W. Wrangham, "The Energetic Significance of Cooking", *J. Huma nEvol.*, 2009, 57(3), 266-270.
5. 고래기름은 왁스 에스터(wax ester)라는 화학적으로 안정한 긴 사슬의 지질 물질이 다량 함유되어 낮은 점도와 불순물 적은 깨끗한 연소가 가능하다. 발화점이 높아 안전하게 활용할 수 있으며, 산화 저항성도 높아 산패해 악취를 풍기는 경우도 적어 최고의 연료로 주목받았다.
6. 코차나스 고대그리스기술박물관의 편찬 자료 "The Flamethrower of the Boeotians

(5th c. B.C.)"에서는 보이오티아 화염 방사기의 구조와 작동 원리, 델리온 성벽을 불태우는 데 사용된 역사적 맥락을 찾아볼 수 있다.

https://kotsanas.com/en/the-flamethrower-of-the-boeotians-5th-c-b-c/

7. 레드필드 비율은 1934년 앨프리드 레드필드(Alfred Redfield)에 의해 보고되었으며, 해양 식물플랑크톤의 레드필드 비율에 따른 광합성 반응식은 다음과 같이 나타낼 수 있다.

$$106CO_2+16HNO_3+H_3PO_4+122H_2O \rightarrow (CH_2O)_{106}(NH_3)_{16}(H_3PO_4)+138O_2$$

이산화 탄소와 질산염, 인산염을 통해 광합성을 일으켜 산소를 방출하며, 이 모든 과정에는 오직 하나의 인이 반드시 포함된다.

8. 마크 77은 340kg 공중 투하 소이탄으로, 네이팜의 직계 후계자라 불린다. 전통적인 네이팜과 달리 등유 기반 연료를 사용하며, 소화하기 어렵도록 산화제와 더불어 백린(white phosphorus)이 함유되어 있다.

8초 전: 흑색화약과 기사 문화의 종말

1. 원문은 다음과 같다.

Through thee is martial glory lost, through thee/The trade of arms become a worthless art

2. 실제로는 시대에 맞지 않는 영화적 연출이다. 화약의 발명은 당나라 말기인 9세기경 이루어졌고, 애니메이션 〈뮬란〉은 중국 고대 전설의 영웅 화목란(花木蘭)에 기반해 훈족(Huns)과의 적대를 다뤘기에 5세기 전후 북위 또는 북조 시대에 해당해 차이가 크다.

3. A. Kakaliagos, N. Ninis, "Orban's Gun Ballistics and Assessment of Historical Evidence Concerning the Bombardment of Constantinople Walls in 1453", *Procedia Struct. Integr*, 2018, 10, 179-186.

4. 계산에서 흑색화약 1g의 부피는 알려진 흑색화약의 밀도(ρ=1.7g/cm^3)를 사용해 0.588cm^{3}로 상정했으며, 질산 칼륨 75%, 숯 15%, 황 10%의 표준 조성을 기준으로 완전 연소를 고려했을 때 한계 반응물로 질산 칼륨이 도출된다. 이후 흑색화약의 연소 반응식을 기준으로 삼아 생성되는 기체의 몰 수를 바탕으로 이상기체 상태방정식(PV=nRT)으로부터 1,658cm^{3}의 혼합 기체 발생이 얻어져 약 2,820배의 부피 변화로 설명했다.

5. S. Volker, "Reisengeschütze des 15. Jahrhunderts. Technische Höchstleistungen ihrer Zeit", *Technikgeschichte*, 1977, 44(3), 213-237.
6. 소설과 영화는 구성에 차이가 있다. 존 로널드 톨킨의 소설에서는 엘프 지원군이 나팔산성 수성전에 등장하지 않는다.
7. RTS 게임 스타크래프트의 드라군(용기병)은 기계화, 도보 이동, 원거리 사격 측면에서 동일하다. 보병에서 시작되어 말을 타고 이동했지만, 전장에서는 걸어서 이동한다. 이후 후퇴할 때는 다시 말을 타는 등 기동력과 머스킷 사격이 결합한 형태로, 현재의 기계화 보병의 초기 형태에 해당한다.
8. 재미있는 사실은 기사의 몰락에 더 큰 영향을 준 것은 소총보다는 권총일 수 있다는 점이다. 실험 결과 소총은 발사 후 30~50m 이내에서 운동 에너지 대부분을 소실해 원거리에서 갑옷을 관통하거나 기사를 제압하기가 어려웠다. 이와 달리 권총은 근접 전투를 위해 설계된 무기여서 백병전 상황에서는 기사 무력화에 더 효율적이었으리라는 해석이 있다.

   참고: D. MacGregor, D. S. Clarke, "Early Modern Firearms Performance and the Demise of the Armoured Knight: A Material History Approach", *Material Culture Review/Revue de la culture matérielle*, 2016, 84, 1.
9. 이 때문에 메탄올은 목정 알코올(wood alcohol)이라고도 불린다. 가장 손쉬운 메탄올 합성은 목재 가열에서 발생하는 기체를 물에 녹여 증류하는 것이다.

7초 전: 나이트로셀룰로스와 문화의 부흥

1. 콜로디온은 '끈적거리는', '풀(glue) 같은'이라는 의미의 그리스어 'κολλώδης(kollódis)'에서 유래한다. 콜로디온이 건조되면서 풀처럼 끈적해지고 얇게 응고되는 특성에서 비롯한 이름이다.
2. 다게레오타이프라는 낯선 이름은 1839년 이 사진 기술을 개발한 루이 자크 망데 다게르(Louis-Jacques-Mandé Daguerre)의 이름에서 왔다. 다게레오타이프는 한 번의 촬영으로 단 한 장의 원본 사진만 얻을 수 있었다. 이후 개발된 캘러타이프는 사진 원판을 이용한 음화-양화 기법이 쓰여 하나의 원본으로 사진을 여러 장 현상할 수 있었다.
3. 장뇌는 녹나무에서 추출되는 왁스 성질의 물질이다. 향이 특별해서 화장품,

향수나 보존제 등 다양하게 사용되었으며, 당나라 시대에는 아이스크림을 만드는 재료로, 고대 이집트에서는 빵의 착향료로 사용된 적도 있다. 하지만 독성이 있어서 발작을 일으키기도 한다.

4. 《프랑켄슈타인》을 최초의 SF로 보는 의견은 학자에 따라 다르다. 《코스모스》로도 유명한 칼 세이건은 요하네스 케플러를 "마지막 점성술사이자 첫 번째 천체물리학자"라 평하며 1620~1630년 그가 남긴 달 탐사에 대한 소설 《꿈(Somnium)》을 최초의 SF라 이야기한다. 더 거슬러 올라가면 기원후 2세기경 로마의 소설가 루키아노스(Lukianos)가 남긴 《진실한 이야기(Ἀληθῆ διηγήματα)》의 달 탐사와 외계 생명체, 우주 전쟁 묘사가 최초의 SF로 여겨진다.
5. 건축가 루트비히 미스 반 데어 로에(Ludwig Mies van der Rohe)가 건축에서는 세세한 부분까지 신경 써야 한다는 뜻으로 말한 "신은 디테일에 있다(God is in the detail)."에서 비롯된 표현이다.
6. 기동전과 전격전은 밀접하게 관련되지만, 의미와 범위에서 약간 다르다. 기동전은 소모전과 대조되는 개념으로, 기동성과 속도를 바탕으로 적의 의지와 세력을 무너뜨리는 것이 목적이다. 이와 달리 전격전은 기갑부대와 공중 지원, 기계화 보병의 통합 운용으로 집중 돌파와 침투, 교란이 목표다.

6초 전: 폭발의 시대, 다이너마이트와 TNT

1. 땅에 묻는 지뢰(地雷)와 물에 띄우는 수뢰(水雷)를 통칭해 기뢰(機雷)라고 부르는 것으로 생각되기도 하지만, 보통 기뢰는 기계수뢰(機械水雷)의 줄임말로 어뢰(魚雷)와 달리 설치식 기계 기폭 장치를 의미한다.
2. 핵탄두는 다이너마이트와 비교가 어려울 정도의 위력이다. 히로시마에 투하된 최초의 실전 배치 원자폭탄인 리틀보이는 TNT 기준 1만 5,000톤으로 계산되며, 이를 다이너마이트로 환산한다면 약 8,400톤의 다이너마이트가 한 번에 폭발한 것과 같다.
3. 참고로 필자의 영어 이름은 프로메테우스다. 이유를 묻는다면 인간에게 불을 선물한 프로메테우스처럼 인류의 삶을 바꿀 발견을 과학에서 이루고 싶어서라고 겸연쩍게 말하곤 했지만, 진심은 그냥 멋있어서 지었다. 저자의 친구 중에는 같은 이유로 스스로 영어 이름을 제우스(Zeus)라 지은 이해하지 못할 자

도 있다. 어처구니없지 않은가?

4. 노벨의 형인 루드비그 노벨(Ludvig Nobel)의 사망을 알프레드 노벨의 사망으로 착각한 프랑스의 한 신문사가 "죽음의 상인, 죽다!(Le marchand de la mort est mort!)"라는 제목의 기사를 발행한 것에서 죽음의 상인이라는 악명이 시작된다.
5. 칼로리라는 단위는 19세기 초 프랑스 화학자 니콜라 클레망(Nicolas Clément)의 열역학 강의에서 열의 단위로 처음 사용된다. 당시는 플로지스톤설(phlogiston theory)의 영향으로 열을 질량이 없는 열소(熱素, calorique)라는 유체로 여기는 열소설이 지배적이었다.
6. IARC는 국제암연구소(International Agency for Research on Cancer)의 약어로, 발암물질에 대한 등급표 책정으로 유명하다. 벤젠이 속한 1군은 120종의 확실한 발암물질로 구성되는데, X선, 고엽제, 흡연, 석면, 플루토늄 등의 목록을 자랑한다.
7. California Department of Justice. (n.d.). Picric Acid Hazards. Retrieved from https://oag.ca.gov/sites/all/files/agweb/pdfs/cci/safety/picric.pdf
8. 미국 질병통제예방센터(CDC) 산하 독성물질 및 질병 등록국(ATSDR)에 따르면, 제1차 세계대전 중 미국에서만 최소 1만 7,000건의 TNT 중독 사례가 발생했으며, 475명 이상이 사망했다.
9. TNT 역시 같은 방식으로 체내에서 산화 질소를 방출해 혈관 확장을 일으킬 수 있다. 다만 나이트로글리세린의 분해 산물은 섭취가 가능한 글리세린이며, TNT는 골수 기능 억제와 함께 간에 매우 심각한 손상을 일으킬 수 있어 의약품으로 사용하지 않는 것뿐이다.

5초 전: 더 강하게, 더 화려하게

1. 로버트 프로스트는 불을 욕망이자 열정으로, 얼음을 증오이자 냉정으로 표현했다. 화자의 의도와 무관하게 나는 불을 선호한다. 원문은 다음과 같다.

   Some say the world will end in fire,
   Some say in ice.
   From what I've tasted of desire
   I hold with those who favor fire.
2. 크리소포에이아(Chrysopoeia)는 금을 의미하는 그리스어 'χρυσός(Chrysos)'에서

유래한 연금술 용어다. '금으로의 변환' 혹은 '금 만들기'를 뜻한다.

3. 폭발성 금이 오직 아래로만 전달된다는 것은 전설에 불과하다. 실제로 합성해 폭발시키면 열에너지 방출로 인해 보랏빛 연기는 평범하게 주위로 퍼진다. 다만 연소에서 발생하는 다른 연기에 비하면 위로 확산하는 현상이 확연히 덜하다는 특징이 있다.
4. 나노미터는 10^{-9}m의 매우 작은 크기이며, 머리카락 지름의 1/100,000에 불과하다. 우리가 아는 금은 노란 광채를 보이는 금속이지만, 나노미터 크기가 되면 표면의 양자역학 효과에 의해 붉은빛, 푸른빛, 보랏빛 등 다양한 색채로 변화한다.
5. 리비히가 활동하기 전 19세기 초 화학교육과 연구는 이론 중심의 강의실 교육이었다. 학생은 실험을 접할 기회가 적었고, 특정 교수의 개인적인 지도를 통해 도제식으로 배울 수밖에 없어 대규모 인력 양성이 불가능했다. 리비히는 실험실을 개방해 학생의 실험 참여를 가능케 했으며, 실험과 강의를 연계하는 방식으로 후학을 체계적으로 양성해 화학의 부흥을 이끈다.
6. 독일의 화학자 게오르크 프리드리히 헤닝(Georg Friedrich Henning)이 처음 발명했으며, 초기에는 '헥소겐, 사이클로나이트(cyclonite)'라는 이름을 사용했다. RDX라는 이름은 1946년 미국과 1948년 영국에서 공개적으로 언급하면서 사용하기 시작했다.
7. 산소 평형은 다음의 수식으로 계산할 수 있다. 폭발물이 완전 연소해 CO_2, H_2O, N_2를 생성하는 데 필요한 산소의 양과 분자 내에 포함된 실제 산소의 양을 비교해 계산한다.

$$\text{산소 평형(\%)} = \frac{16 \times (2n_o - 2n_c - \frac{1}{2}n_H)}{\text{분자량}} \times 100$$

8. 백연 질산이 존재하듯 발연 황산(oleum)이라는 초고농도 황산도 있다. 황산 농도를 기준으로 할 때 쉽게 이해되지 않는 100% 이상의 농도이며, 몇몇 화학 반응에 여전히 사용된다. 역시나 이름처럼 연기가 발생한다. 백연 질산이나 발연 황산 같은 초고농도 산은 예상보다 훨씬 비싸다. 2026년 1월 기준으로 일반적인 진한 황산 500mL는 8,250원, 발연 황산은 무려 43만 3,000원에 판매된다.
9. 직역하면 '미칠 듯한 한 줌의 무(無)'가 되겠지만 국내 방영본의 제목은 '역할 분담'이었다. 오역이 아니라 에피소드의 내용을 반영한 형태로, 주인공 월터

화이트와 동료인 제시 핑크맨이 사업에서 각자의 역할을 명확히 나누기 시작하는 내용이 핵심이기 때문이다.

4초 전: 핵무기와 죽음의 진화

1. 원문은 다음과 같다.
   "Now I am become Death, the destroyer of worlds."
2. 이제껏 발견된 원소는 주기율표에서 찾아볼 수 있듯 118종이 있다. 이들은 인간과 함께 처음부터 지구에 존재하던 자연 원소(natural element)와 인간의 핵기술력으로 만들어낸 인공 원소(artificial element) 혹은 합성 원소로 구분된다. 자연 원소 중 마지막은 92번으로 우라늄이며, 그보다 무거운 원소들은 핵반응으로 창조되어 '초우라늄 원소'로 불린다.
3. E. N. Brown, D. L. Borovina, "The Trinity High-Explosive Implosion System: The Foundation for Precision Explosive Applications", *Nucl. Technol.*, 2021, 207, 204-221.
4. B. C. Reed, "The Manhattan Project", *Phys. Scr.*, 2014, 89(10): 108003.
5. 베릴륨은 산화물이 되어 물과 만나면 수화를 통해 포도당과 유사한 화학 구조를 만든다고 알려졌다. 이 때문에 베릴륨은 단맛이 나서 초기에는 글루시늄이라는 이름이 따라붙었으나 높은 발암성으로 이제는 절대 식품에 쓰이지 않는다.
6. 알파 입자는 원자번호 2번 헬륨(He)의 원자핵을 뜻한다. 양성자 2개, 중성자 2개, 전자 2개로 이루어진 헬륨에서 전자를 모두 제거해 핵만 남겨진 상태다. 이러한 이름이 붙은 것은 초기 방사능 연구에서 세 가지 종류의 방사선이 관찰되었는데, 물질에 대한 투과도가 증가하는 순으로 그리스 알파벳인 알파(α), 베타(β), 감마(γ)로 명명했던 데 기인한다.
7. 중수소(deuterium, D)와 삼중수소(tritium, T)는 수소의 동위원소다. 모두 양성자 하나와 전자 하나를 가져 수소라는 본질은 같지만, 중수소는 중성자를 하나 더 가져 무거운 수소가 되며, 삼중수소는 무려 중성자를 두 개 더 가져서 더욱 무거운 수소가 된다. 이후로도 사중수소, 오중수소, 육중수소도 존재할 수 있지만, 매우 불안정해서 사용할 수는 없다.
8. 에드워드 텔러(Edward Teller)와 스타니스와프 울람(Stanisław Ulam)이 고안

한 열핵무기 구조다. 수소폭탄은 아이비 마이크(Ivy Mike)라는 작전명으로 1952년 시험되었다. 참고로 울람은 반복적인 무작위 표본 추출로 이루어지는 계산 알고리즘인 몬테카를로 방법(Monte Carlo Method)의 개발자이기도 하다.

9. 방사성 동위원소가 다양한 경로로 붕괴해서 초기 존재량의 절반으로 줄어들기까지 드는 시간을 반감기(半減期, half-life)라고 한다. 동위원소마다 반감기는 고유한 값이며, 온도나 압력, 화학적 환경을 포함한 어떠한 외부 환경에도 영향받지 않는다는 특별함이 있다.

3초 전: 폭발물 랭킹 토크

1. 흔히 공항에서는 매질에 따른 물질 이동도를 활용하는 크로마토그래피(chromatography)를 사용할 것으로 생각한다. 학창 시절 분필에 수성 사인펜으로 선을 그은 후, 물에 세워 잉크 색소들의 분리를 관찰하던 것과 같다. 하지만 크로마토그래피는 분석하는 데 시간이 걸려서 주로 마약 검출에 활용된다.
2. 테슈토프는 농도 80~85%의 과산화 수소 수용액에 적은 양의 안정제를 넣어 사용할 수 있는 수준으로 만들어진다. 안정제로는 0.0025%의 인산, 인산 나트륨, 8-하이드록시퀴놀린, 주석산 소듐이 사용된다. 과산화 수소의 폭발은 자발적인 분해로 일어나며, 미량의 금속 이온이 이를 가속한다. 안정제들은 금속 이온을 잡아 가둬 제거하는 방식으로 작동한다.
3. 차이나 레이크 해군 항공 병기창에서 제작되었으나 정식 명칭을 받지 못한 군용 물품들에도 같은 이름이 사용된다. 예를 들어 레밍턴 M870 구조를 바탕으로 개발된 펌프 연사식 유탄 발사기인 차이나 레이크 유탄 발사기(China lake grenade launcher)가 대표적이다. 그 유명한 적외선 유도 후방 추적 공대공 미사일인 AIM-9 사이드와인더(Sidewinder)도 차이나 레이크에서 개발되었다.
4. O. Bolton, A. J. Matzger, "Improved Stability and Smart-Material Functionality Realized in an Energetic Cocrystal", *Angew. Chem. Int. Ed.*, 2011, 50(38), 8960-8963.
5. 과거 일본의 한 트위터(현재의 엑스) 이용자(@gamou_neo)가 게재한 글에서 유래했다.
6. M.-X. Zhang, P. E. Eaton, R. Gilardi, "Hepta- and Octanitrocubanes", *Angew. Chem. Int. Ed.*, 2000, 39(2), 401-404.

7. 시그마올드리치(Sigma-Aldrich)의 제품으로 2025년 8월 13일 공시된 가격 기준.
8. F. Cacace, G. de Petris, A. Troiani, "Experimental Detection of Tetranitrogen", *Science*, 2002, 295(5554), 480-481.
9. W. Qian, A. Mardyukov, P. R. Schreiner, "Preparation of a Neutral Nitrogen Allotrope Hexanitrogen C2h-N6", *Nature*, 2025, 642, 356-360.
10. K. Barnert, S. Richter, D. Schaarschmidt, H. Lang, "Well Known or New? Synthesis and Structure Assignment of Binary C2N14 Compounds Reinvestigated", *Angew. Chem. Int. Ed.*, 2013, 52(12), 3499-3502.

2초 전: 무정부주의자의 요리책

1. '어떤 시리즈'로 불리는 종류가 있다. 가장 유명한 작품으로는 《어떤 과학의 초전자포(とある科学の超電磁砲)》가 있으며, 그 외에도 국내에서 유명하진 않지만 7종의 시리즈물이 있다.
2. 알프스 지역의 민속과 신앙을 '마법'이라고 체계적으로 매도했으며, 〈출애굽기〉 22장 18절의 "너는 마녀를 살려두지 말라"를 실현하는 데 전념했다. 마녀의 존재를 확신하며, 불신을 이단으로 규정하고, 마녀재판의 절차와 악마와의 관계, 변신 등 다양한 마녀 활동을 상세히 다룬다. 참고로 국내 《성서》 중 일부 번역본에서는 '마녀'를 '무당'으로 번역했다.
3. 윌리엄 파월은 《무정부주의자의 요리책》 집필을 후회한다는 인터뷰를 남겼다. 이후 그는 대학에 진학해 교사가 되었으며, 정서 문제나 주의력 결핍 문제가 있는 아이들을 만나며 세계를 떠돈다.
4. 책에 등장하는 약간은 당혹스러운 예시들은 모두 필자의 유튜브 채널에서 다뤄지고 있음을 참고하자.
5. 2025년 5월 서울대 김태웅 교수와 전 주한 헝가리 대사 초머 모세 교수에 의해 헝가리 외교 문서를 토대로 마자르의 신원과 행적이 추적되어 가보르 요제프 마자르(Gábor József Magyar)라는 인물이라는 가능성이 제기되었다.
6. 나이트로글라이콜은 차량용 부동액으로 사용되는 에틸렌글라이콜(ethyleneglycol)의 질산화로 만들어지는 매우 불안정한 분자다. 에탄올이 두 개의 탄소로 이루어진 작은 탄화수소 조각에 수산화 작용기(OH)가 하나 붙은

형태라면, 에틸렌글라이콜은 양쪽 끝에 수산화 작용기가 결합한 대칭적인 형태($HOCH_2CH_2HO$)다.

7. Harriet Barber, "New Orleans Terrorist Used Rare Explosive Never Seen in US or Europe", *The Telegraph*, 2025. 1. 5.
8. T. M. Klapötke, J. Stierstorfer, M. Weyrauther, T. G. Witkowski, "Synthesis and Investigation of 2,6-Bis(picrylamino)-3,5-dinitropyridine (PYX) and Its Salts", *Chem. Eur. J.*, 2016, 22(25), 8619-8628.
9. 시각 자료로 살펴보기 가장 적절한 예로는 지뢰밭이나 철조망을 철거하기 위한 방갈로르 어뢰(bangalore torpedo)에 도폭선을 감아 사용하는 것을 들 수 있다. 이름은 어뢰지만 단순히 처음 개발할 때 목표 지점으로 밀어 넣는 작동 방식과 모양이 당시의 어뢰와 비슷해 이런 이름이 붙었을 뿐이고, 어뢰와 전혀 다르다.

1초 전: 모든 것은 폭발한다

1. 화학 반응에서의 에너지 방출 혹은 흡수는 보통 엔탈피(enthalpy, H)라는 용어로 표현된다. 화학 반응의 주된 관점은 반응이 일어나고 있는 실험용 유리그릇 혹은 플라스크 내부인 계(system)에 집중된다. 이때 '+'는 주위에서 열이 추가된 흡열이며, '-'는 계가 열을 주위로 잃어버린 발열로 해석할 수 있다.
2. 당연히 카바이드와 물의 격렬한 반응으로 폭발시키는 것은 아니다. 램프 위쪽에 물이 담긴 곳의 밸브를 열면, 아래쪽의 카바이드 덩어리로 한 방울씩 떨어진다. 반응에서 생성된 아세틸렌은 노즐을 통해 외부로 분출되고, 여기에 불을 붙여 빛을 밝히는 방식이다.
3. E. Virot, A. Ponomarenko, "Popcorn: Critical Temperature, Jump and Sound", *J. R. Soc. Interface.*, 2015, 12(104), 20141247.
4. 이 단어는 1935년 미국 퍼즐러 연맹(National Puzzlers' League)의 회장인 에버렛 M. 스미스(Everett M. Smith)가 가장 긴 단어가 되도록 일부러 만든 것으로, 의학이나 과학 분야에서 흔히 사용하지는 않는다.

답답한 날엔 화학을 터뜨린다

어른의 과학 취향 2

1판 1쇄 발행일 2026년 1월 26일

지은이 장홍제

발행인 김학원
발행처 (주)휴머니스트출판그룹
출판등록 제313-2007-000007호(2007년 1월 5일)
주소 (03991) 서울시 마포구 동교로23길 76(연남동)
전화 02-335-4422 **팩스** 02-334-3427
저자·독자 서비스 humanist@humanistbooks.com
홈페이지 www.humanistbooks.com
유튜브 youtube.com/user/humanistma
페이스북 facebook.com/hmcv2001
인스타그램 @humanist_insta

편집주간 황서현 **편집** 최현경 김선경 **디자인** 김태형
조판 홍영사 **용지** 화인페이퍼 **인쇄** 청아디앤피 **제본** 민성사

ISBN 979-11-7087-355-6 04400
979-11-7087-354-9(세트)